產科醫師的好孕教室

陳勝咸醫學博士 著
大安婦幼醫院院長

代序一
產科學的美麗新世界

前成大醫學院婦產部主任、美國耶魯大學基因學博士／張峰銘教授

生老病死，人生四大苦。生之苦名列第一，實在有道理。妊娠十月，一不小心就可能出血、流產、早產、胎死腹中，甚至引起併發症如子癇前症、子癇症、妊娠糖尿病、前置胎盤、胎盤早期剝離等，隨時可能對母體及胎兒造成致命風險。

再者，生日就是母難日。運氣不好產程遲滯、胎位不正，必見血光之災，只能改成剖腹分娩，以濟母胎之急。產後胎盤要是無法順利排出，甚至發生植入性胎盤、子宮無法收縮、產後大出血、羊水栓塞等併發症，母親隨時都可能魂歸離恨天。

另外，脆弱幼嫩的胎兒拚命擠過狹窄的產道，隨時可能出現胎兒窘迫，誰也無法預測。有人誤以為「自然生產」最自然、最安全、最穩妥，其實從生物演化觀點而言，自然

分娩就是「自然淘汰」，若非現代醫學介護，其實充滿了相當殘酷的不確定性。上至后妃嬪嬙，下至平民百姓、良家婦女，無不視生產為畏途，好比活生生到鬼門關前走一遭。臺語俗諺：「生贏麻油香，生輸六塊板。」六塊板，棺材是也，這正是百年來臺灣婦女同胞血淋淋的殘酷體悟。

所幸，近五十年來，產科學有了長足的進步。首先知道必須以定期產前檢查篩檢出「高危險妊娠」，特別加強監控，注意變化，立即診治。其次，生產要能平順，必須留意產前、產中、產後母胎的生理病理變化，產生了「周產期醫學」。再者，由於超音波的進步，出現了「超音波醫學」，再加上人類基因體計畫的完成，推出了「基因體醫學」。綜合上述各項進步的醫療科技，產生了「母胎醫學」、「胎兒醫學」、「產前分子遺傳學」等嶄新的次專科，為產科學打開了前所未有的燦爛美麗新世界。

由於知識爆炸，日新月異，醫護專家得不斷進修才能迎頭趕上，遑論一般準爸爸、準媽媽更是滿頭霧水，不知其然。陳勝咸院長這本專著深入淺出解說從妊娠到分娩的相關知識，正是一場及時雨。

陳勝咸院長學經歷完整，在產科學理論實務上更是努力耕耘數十年，斐然有成。他在日以繼夜工作繁忙之餘，抽空寫書，用心良苦，值得鄭重推薦。相信本書不僅有益於從事醫療服務的醫護專家，更能幫助廣大的準父母們。

誠願本書能夠幫助更多母親與胎兒，使臺灣的下一代更聰明、更健壯，使福爾摩沙美麗之島的明天更光明燦爛，充滿希望。

代序二

一本讓準爸媽參考的產科衛教好書

高雄長庚紀念醫院婦產部主治醫師兼部主任／許德耀教授

在婦產科，尤其是產科衛教領域的書，市面上完備的書非常少，缺乏一本可以讓產婦媽媽和新手爸爸參考的好書。一聽說才學兼備的陳院長即將出書，內心是萬分期許！終於有一本學術與臨床兼具的著作了。

具有三十年以上臨床經驗的陳院長從孕前、孕中、生產、產後，將整個懷孕過程所有該注意的事項，詳細又有層次地介紹給廣大的孕婦。

孕前這一章從非常重要的孕前健康檢查開始談起，也納入最尖端的人工智慧對婦產科的影響。孕中的部分則是注入了很多產檢新知。這十年來，科技的進步促成了產科學的突飛猛進，尤其是在臨床應用上，面對琳瑯滿目的產檢項目，到底什麼一定要做？什麼可以參考？第一次懷孕的初產婦和準爸爸往往無法做決定，網路上雖然有非常多參考資料，但缺少較中肯的建議。陳院長在書中除了強調產檢的重要性，還將產檢分為妊娠初期、中期、晚期，讓大家有更具體的參考方向。

針對孕期如何補充營養，孕中這一章也有詳細的陳述與建議，提供孕育健康寶寶的基礎。生產的章節除了讓準媽媽、準爸爸預先了解產科的麻醉過程，也提出婦幼的醫病共享決策，讓新手媽媽、爸爸們參與生產前的重要決定，這是醫病關係最重要的核心，很高興見到陳院長在書中詳細提及了它的重要性。

處在資訊發達但產科知識還未補上的當下，這本書是準爸媽的福氣，書中先進的知識與寶貴的經驗將帶給讀者一個非常有科學性、臨床性依據的寶貴方向。

自序

為產婦和胎兒創造雙贏

大安婦幼醫院院長／陳勝咸

從醫三十餘載，腦海總是盤旋著一個想法：「如何為產婦和胎兒創造雙贏？」尤其是新手媽媽，在寶寶選定自己時，內心總是既期待又怕受傷害。隔著肚皮，子宮內的寶貝究竟在做什麼呢？媽咪們是否常有想一窺堂奧的念頭？四十週的等待，對準媽媽來說多麼漫長又無助。一方面需面對懷孕過程中自身產生的生理變化，一方面還得承受孕期的種種不適，以及可能的妊娠併發症……在此誠心地向每位孕媽咪致上無限敬意：「媽媽真偉大，您們辛苦了！」

這些年，我總在演講等公開場合傳達母體與胎兒的相關照護觀念。有句話說「母子連心」，當胎兒以臍帶與母親相連時，母子之間便產生了密不可分的關係，母子連心一語根本就無法輕言概括。正因為母體的生理與心理在在影響了胎兒的生長發育，因此，愛寶寶之前要懂得先愛自己，有健康的媽媽，才有健康的寶寶。臍帶是一條十分神奇的聯繫結構，是造物者將這個表面光滑透明如繩索的結締組織，賜予胎兒和母親，藉以搭起橋梁，讓彼此互生互息，進而相知相惜，除了營養的傳輸，母親的喜怒哀樂也深深影響胎兒的情緒。換句話說，孕媽咪只要保持心情愉快，將快樂的情緒感染給子宮內的胎兒，就是最好的「胎教」。

那麼，要如何減低孕婦的孕程焦慮，保持愉快的心情？最好的方式就是更了解子宮內親愛的寶貝，對自身的生理變化或可能面臨的妊娠併發症不再束手無策，進而對產後哺乳和嬰兒照護駕輕就熟。在臨床上，常見有些孕婦因為不了解而焦慮不安，每每必須等待相隔二到四週的產檢才能寬慰惶恐的心靈。有見於斯，我思索多年，如何在專業醫療之外給予產婦更及時和安心的孕期常識與照護需知，讓她們健康安心待產，輕鬆迎接健全的寶寶，做個稱職的好媽媽。

這個念頭讓我毅然決然在百忙之餘，將自己多年的產科經驗與婦科知識寫成淺顯易懂的文字，希望傳達給即將成為人母的讀者，為懷孕中的讀者建立基礎認知，協助舒緩焦慮的心情，並給充滿喜悅又滿懷疑惑的讀者更多關懷和些微助益。

自三十年前踏入奇美醫院，進入婦產科這個忙碌的醫療科別，從門診產檢到產房接生，我看到了每個生命的創造是那麼令人振奮與感動。迎接寶寶的那一刻，每位產婦似乎都忘了四十週的辛勞和分娩中的痛楚，母子均安、子哭母笑的溫馨畫面也往往讓我忘了現在是不是好夢正酣、夜闌人靜的時刻，抑或早已過了正餐，應該覺得饑腸轆轆？不論是凌晨或深夜、正餐或宵夜，只要寶寶想見這世界，我心中就會堅定地響起一股聲音——我要用這雙手，安全地將寶寶迎捧到這個充滿愛的新世界。

一九九八年，我被《中國時報》記者和產婦暱稱為「超級大產公」，我知道自己肩負的使命愈來愈重了，思索在這個美譽之下，自己還能為產婦和胎兒做些什麼？因此，我開始在奇美醫院推動母嬰同室，引進並研習高層次超音波，著手臍帶血相關研究……希望自己成為婦兒的造福者，未曾因為少子化動搖過奉獻於婦產科的初衷。為了精進自身醫療技能、對神奇的臍帶血做更深入的研究，在繁重的工作之餘，我報考成大臨床醫學研究所，攻讀臨床醫學博士，在國際期刊上發表了不少臍帶血相關論文，也獲得了多項殊榮。這些努力與精進，不單單是求取自身的榮耀與光芒，更重要的是希望能將所學運用到需要的產婦和胎兒身上，期許自己成為婦幼醫療資源最實質的提供者，讓婦兒獲得更優質的照護。

為了構築心中理想的婦幼醫療願景，我離開了奇美醫院，來到為婦兒量身打造的大安婦幼醫院，帶著奇美醫院二十幾年的產科經驗，以及對婦幼醫療的抱負在此拓展，進一步落實區域醫療的重要性。常有人打趣說：「古有大禹三過家門而不入，今有勝咸八進產房而未歇。」幾乎可說是「以院為家」。全年無休、二十四小時 ON-CALL 的婦產科，一度面臨「五大皆空」的困境，沒有新進醫師願意選擇「吃力不討好，事多錢又少」的婦產科成為終身職業，但這份「擁抱生命，守護女性」的責任，我從不懈怠，更將此責奉為終身職志，即使辛苦忙碌，壓力龐大，依然不悔。

「用心、專業，照護婦兒一生」不是口號，是公而忘私的犧牲與奉獻，唯有用心與專業才能獲得產婦的信任，看見生命延續的喜悅。至今，我已接生超過兩萬個新生兒，為了將這股專業與用心擴及更多婦兒，我做了許多努力，衷心期待這本書能把我最深的祝福、最強的守護，傳達給需要的讀者，期待所有婦兒都能順遂安康，產後母子相見歡。

目次 Contents

第二章 孕中

第三章 生產

第四章 產後

第一章

孕前

孕前健康檢查

對於每一對準備孕育下一代的男女而言，最好都能進行一次完整的孕前健康檢查。

一般的孕前健康檢查主要是檢查女性的健康，適不適合懷孕，懷孕有什麼風險，要如何應變等，也包括遺傳檢查、傳染病檢查、精神心理檢查等。當然，不孕檢查（正常性生活一年無懷孕者，才需要考慮）也是做孕前健康檢查的主因之一。

若打算懷孕，孕前或婚前的健康檢查雖然沒有訂製的套組，但檢查與重視的範圍大致相同，可以找婦產科醫師（並視需要聯合各科醫師）進行一次完整的孕前評估。

首先是不孕檢查，男女內、外生殖器的構造及功能的評估。最重要的就是先檢查能不能懷孕，其他的孕前檢查才有意義。不孕症的盛行率如今已高達十五到二十五%，再加上不婚、不育的情況，實在是不可忽略的國安問題。一般的健康檢查不用等到公費每三年一次的四十歲成人健康檢查，事實上超過十八歲以後，一套完整的健康檢查對每個人都是相當必要的。有了基本的健康資料，孕前檢查時就可提供醫師初步評估。我建議以下檢查項目可考慮列入（男女都需要）：

- 身高、體重、BMI計算、體脂肪。
- 胸部X光（CXR）、心電圖（EKG）。
- 抽血檢查：全套血液檢查（CBC）、白血球分類（D/C）、生化檢查（肝、腎、電解質、血糖、球蛋白、白蛋白）。
- 驗尿。

基本上，上述檢驗可以檢查出心、肺、腎疾病，高血壓、糖尿病、貧血、肝營養狀況、電解質不平衡。

在遺傳檢測這部分，隨著「人類基因輿圖計畫」（HUGO）的完成，DNA層次的遺傳檢測愈來愈方便且便宜，可以檢查出更多遺

傳疾病，甚至能做基因治療，如基因轉移、DNA編輯等，雖然國內並非全數核准，但藉由遺傳檢查能避免一代傳一代的惡夢，也可盡量查出帶原者。若做人工生殖，植入前基因檢驗（Pre-implantation gene test）已能解決很多已知的遺傳疾病，只不過未知或新突變的仍未完全解決。

傳染病檢查主要包括病毒性肝炎（B、C）、性病（包含愛滋病）、其他會影響胎兒的感染。檢驗技術如：細菌培養、免疫抗體、抗原、病原體DNA或RNA、順序分析。

另外，若有需要的話，也要找身心科醫師進行精神心理檢查與評估。

第一代不孕症人工生殖技術，解決女性不孕的問題，第二代是男性不孕，第三代是胚胎的品質。

萬事豫則立，不豫則廢，孕前檢查的功能就是為了順利懷孕、生產。這也和男女的全身健康有關，只有在健全的情況之下，男女才有餘力懷孕、生產、養育下一代。

保險套，你真的會用嗎？

保險套除了避孕以外，還能防止性病蔓延，讓性行為更安全，也能當作陰道超音波時的護套。

保險套的強韌度可以利用置於水龍頭加水的方式來檢測。當然，撐大的保險套不能再用。

保險套屬於醫療器材，是一種可完全包覆陰莖的膜，多數材質為乳膠。有些人會對乳膠過敏，因此所有保險套都必須經由衛生福利部食品藥物管理署（TFDA）先行審查，取得「醫療器材許可證」後才能上市。國際標準是ISO4074，臺灣標準為CNS6629，檢查標準包含了尺寸、爆破體積、壓力、針孔、老化、生物相容性等，以確定安全性與有效防護。

雖然醫療院所和藥局出售的保險套種類和樣式繁多，還有各種助性保險套，但挑選時首重確認有無TFDA字號，其次則是正確使用。

保險套的正確使用方法如下：

1. 收納在陰涼處，避免破裂、受壓、受熱。
2. 使用時不宜事先展開，要在勃起的陰莖上自龜頭部分順勢而下。
3. 只能使用水性潤滑劑，凡士林、潤滑油、乳液等可能會增加保險套破裂的風險，尤其用手去揉的話。
4. 每次只使用一個保險套，沒有雙重保險這回事。
5. 每個保險套只能使用一次。
6. 取下保險套時，不要讓精液流出，也不要接觸到保險套外面的陰道分泌物。
7. 若精液進入陰道內或保險套掉落，視為避孕失敗，應立即就醫。
8. 保險套是否經檢測合格，可上衛生福利部食品藥物管理署的「醫療器材許可證資料庫」查詢。
9. 體外射精並不安全，人非聖賢，亦非機器，無法精準控制射精時間，也無法確保女性陰道安全無虞，而且男性的陰莖也會有潤滑液，其中也有少量的精子。
10. 安全期（排卵日前、後三天為危險期）只適合生理期規律的女性，經期不規則的現代女性愈來愈多，不應做為判斷依據。

11.若避孕失敗，可就醫服用事後避孕藥。性行為後馬上服用有九十五%成功率，十二小時後服用只剩八十%。

12.懷孕時期的性行為，保險套是必須的。因為精液本身的前列素會刺激子宮收縮。使用保險套也可防止因為感染所造成的流產、早產。

以各種避孕方式來說，保險套最方便，也能防止性病，但務必正確使用，做足保險，以策安全——「不成功，就會變成人。」

事後，如何避孕？

若還沒準備懷孕，又沒做好安全措施，那怎麼辦呢？

一般可使用事後避孕藥，由高劑量雌激素和黃體激素組成，利用高劑量激素干擾體內原本的激素波動，抑制或延遲排卵，降低卵子的受精機會，同時也分泌子宮頸黏液，進而影響精子的前行。最重要的是，服用事後避孕藥的最佳時機是性行為後的七十二小時內，愈早吃愈好。

有些人嫌一般的普通避孕藥得天天吃很麻煩，不如每次辦事後再服用一顆事後避孕藥就可解決，但事後避孕藥的劑量超過事前避孕藥多達八到十倍，服用後易出現噁心、嘔吐、頭暈、乳房腫脹，若一個月使用一次以上，還可能引起內分泌失調，如亂經、經血過多、月經延遲等問題。

事後避孕藥只能一次有效，原理是影響排卵，若已排卵，自然無效。

不管是事前或事後避孕藥，都會使血液變得濃稠，對於體重過重、肝腎功能不佳、有血栓或凝血問題的人來說，皆不建議使用。

若無事後避孕藥，可加重使用事前避孕藥，但要請教婦產科醫師如何使用，且必須確定有無排卵。若已超過三天的黃金時間，就要用墮胎藥RU四八六，但需視月經規則，愈晚處理，效果愈差。上述這些都應請教婦產科醫師，RU四八六更屬於管制藥品。

其他事後避孕方法皆無科學依據，不值一提，無用甚至有害。

若超過六週，胎兒已成形，這時就不是避孕，而是墮胎了。胎兒愈大，拿掉對母體的身心傷害愈大。

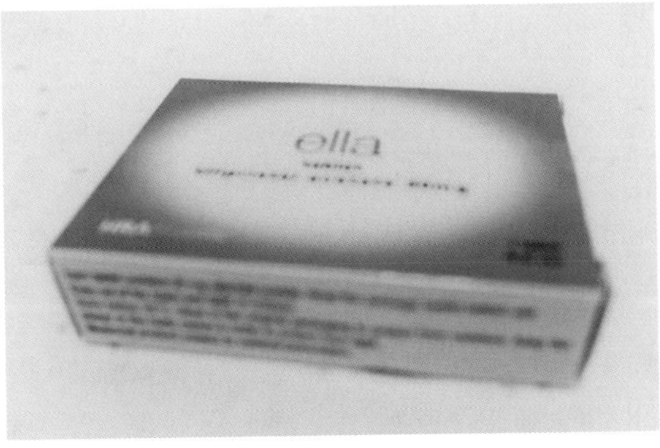

如何確定有沒有懷孕？

懷孕對女性的一生是件大事。不管有沒有準備，只要月經該來沒來，又有性行為，就要考量懷孕的可能性。在急診室時，若遇到育齡女性因急性下腹痛就醫，驗尿及驗孕都是必要的，因為女性有可能懷孕卻不自知，還容易發生泌尿道感染，必須顧慮X光的可能傷害。

現今驗孕一般使用驗尿試紙，也可以在藥局自行購買。試紙分為檢測區（T）與控制區（C）：

- 陽性（懷孕）：T、C皆顯色（俗稱的「兩條線」）。
- 陰性（未懷孕）：T未顯色，C顯色。
- C、T皆未顯色或僅有T顯色，表示試紙有問題。

驗尿試紙的原理是，當精子和卵子在輸卵管結合後，受精卵會移至子宮內膜著床，此時，胎盤會開始產生人類絨毛膜促性腺激素（HCG），由於經由腎臟排出，所以能從尿液驗到；當然血液中也可驗到，血液中的HCG約有三十%，但抽血較不方便。

妊娠第一週到第九週，HCG的上升速度很快，每兩天就會翻倍，並於第十週到第十二週達到高峰值。在最後一次月經六週後，就可用超音波做檢查。使用陰道超音波較準確，且不用等脹尿。

一般來說，在月經週期一至二週後的驗孕結果最可靠。若月經不規則，可在性行為三週後檢驗，而且最好是早晨起床的第一泡尿，因為此次尿最濃，HCG濃度也較高。

除了尿液定性篩選，若是正常懷孕，血液中的β－HCG每兩天倍增。有數據的定量顯示，若無每兩天倍增，很可能是異常懷孕，如子宮外孕（最常見的是受精卵於輸卵管著床）、流產等。

若要更早、更精確知道有沒有懷孕，可以抽血檢驗β－HCG，二天後再抽一次，不只能夠確認有無懷孕，還能知道懷孕的狀況、正常或異常，早知道可及早做處置。

懷孕是給準媽媽的祝福

「為母則強」！所有雌性哺乳類動物都可能在懷孕時出現腦部與行為的改變，使之更能扮演母親的角色。

- 生理及心理上，更大的耐壓承受度。
- 更警覺、更敏感。
- 更能照顧下一代。
- 覓食能力，如行動、空間記憶。
- 更敢冒險。

在成為母親之前，雌性哺乳類動物一樣面對自我與求生，成為母親之後，則轉移到照顧下一代身上，為什麼會如此呢？

雌性哺乳類動物在懷孕、生產及哺乳期間，體內激素濃度會發生巨變，因而「重塑腦部」，以便加強照顧幼兒與覓食等的相關能力，並可維持到老年期。原因是哺乳類需要更長的扶幼期，尤其是人類的小寶寶。

懷孕時，卵巢和胎盤會出現雌激素及黃體素、下視丘和腦下腺會分泌催產素（可引起子宮收縮）、初乳素（刺激乳腺，分泌乳汁）及腦內啡（可減緩疼痛不適、增加欣快感，並在分娩前達到最大分泌量）。

雌激素及黃體素增大了下視丘內側視前區，增加了母性反應和催產素，也增加了與記憶和學習相關的海馬區。

其他腦部同樣有所改變，也都是為了下一代而改變，以便執行育幼、扶幼等多重任務。雌性在面對下一代這個更大的投資與挑戰，為了適應進化，才有了腦部及行為的改變。男性也一樣，生為人父，能力更增強。此外，孕期及產後容易發生憂鬱症，有些是產前即患有憂鬱症並因懷孕而停藥，所以要特別小心。

高齡生產的壞處與好處

世界衛生組織定義，三十五歲以後的第一次生育稱為「高齡生產」。基本上，高齡生產的母胎風險較大，特別是唐氏症的比率陡升，也增加了懷孕的風險。

然而，高齡生產是開發中國家的趨勢，在臺灣也愈來愈常見。如何面對與因應呢？

首先，最理想的生育年齡為二十到二十九歲，能按時最好。此外，我們不應對高齡生產的高危險視而不見，包括：

1. 先天性畸形的機率偏高：孕婦年齡一旦超過三十五歲，因卵母細胞老化而致使卵子的染色體可能出現異常，導致新生兒畸形，還有其他染色體異常的先天性畸形。
2. 高危險妊娠：女性隨著年齡增加，得到成人病的機會也會增加，如高血壓、糖尿病、心血管疾病、肥胖等，這些都很容易併發婦科疾病，如子宮肌瘤、子宮內膜異位等，也會影響母胎健康及生產過程。此外，高齡產婦的陰道軟組織相對堅硬，常出現陣痛時間過長或難產的情況。

3.雖然世界衛生組織的定義僅於第一胎，但是高齡產婦生育第二胎或第三胎時同樣有危險，有些女性因為各種因素使然，胎次間隔很久，比如經過了十年。成人疾病及產科併發症的發生率也會隨著年紀增加而提高。

不過，高齡懷孕也有好處：

1.懷孕的紅利會延續更久，一些因懷孕而有的認知增強，內分泌改變，可以持續至產後的歲月。

2.有更成熟的心智可以迎接新生命，準備新生兒生產環境，同享天倫之樂。

3.計畫更周全，也更能享受「高齡得子（女）」的樂趣，若有所成，就不太需要為生活忙碌了。

現代女性與今日的婦產科醫師不得不面對高齡妊娠的趨勢，歲月匆匆，怎麼一下子就高齡了（過了三十歲、三十五歲、四十歲、四十五歲、五十歲……）。諸如趁年輕時冷凍儲存卵子這類因應措施，應注意懷孕的身體配套也會隨著年齡增加而不一樣，有些時候可能時不我予，畢竟卵可凍齡，身體其他部分卻是歲月不饒人。

總之，高齡懷孕雖然不能完全與高危險畫上等號，但應小心再小心，注意再注意。事關母胎健康與安全，建議：

- 產前檢查應該更加周延。
- 控制體重及成人疾病，不要變成「高危險妊娠」。
- 運動。
- 營養。

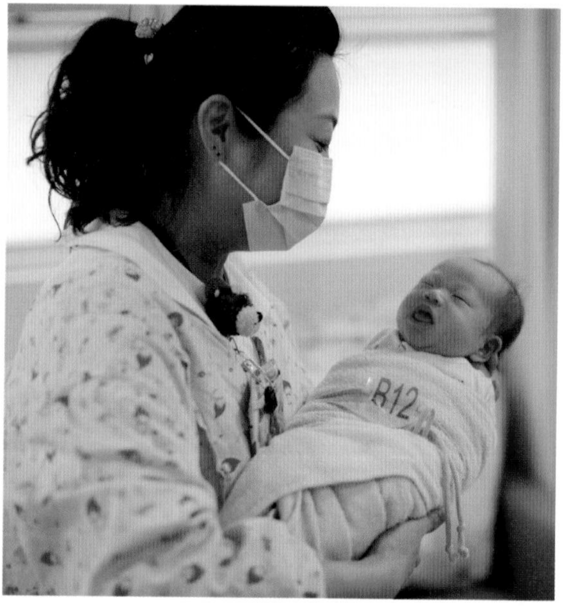

不孕症的新趨勢

不孕症是新世代的流行病，先不談男女不孕的比率有多高（十六～二十%）。按二〇一八年國民健康署、內政部統計處資料，試管嬰兒占整體新生兒的比率是四．三%。國民健康署於二〇一五年開始推動「人工生殖補助計畫」，最高可補助十萬元。以解決不孕症的人工生殖技術（Artificial reproduction technology，ART）來說，「試管嬰兒」只是其中一種，還包括：

- 人工授精。
- 誘導排卵、調經。
- 清除阻塞。
- 體外受精胚胎植入術（IVF-ET，即試管嬰兒）。

這些人工生殖技術可聯合使用，達到最佳效果。

我們在這裡只介紹試管嬰兒的療程：

1.誘導排卵：使用排卵藥物刺激卵巢濾泡發展，並增加卵巢濾泡數目，以期獲得較多卵子。
2.超音波取卵。
3.取精：副睪或睪丸穿刺精子吸收術，經培養處理。
4.胚胎培養：將精子和卵子在培養皿受精，有時會使用ＩＣＳＩ（細胞內注射於卵細胞），在培養皿二到三天，並在植入前進行「基因篩選」（植入前遺傳學診斷）。
5.胚胎植入母體子宮腔（或可冷凍儲存，以備下次）。
6.促進著床：補充黃體激素，穩定子宮內膜。

大多數不孕夫婦的寶寶沒有先天缺陷，除非先天缺陷和不孕同時產生。當然，其他如出生時體重低、胎盤功能不足、早產、妊娠糖尿病、子癇（前）症等都要一併考量，才能更舒適並減少危險。

其他做試管嬰兒必須知道的：

1.不需要過度刺激卵巢。以現有人工生殖技術來說，一顆好的卵子足矣，所以較少發生卵巢過度刺激症候群（ＯＨＳＳ）。卵巢過度刺激症候群的症狀包括了腹脹、腹瀉、噁心、食欲不振，以及卵巢腫大有破裂、腹肋膜積水等危重症。

2.單一胚胎植入，可生長成單胞胎，不需要減胎手術。

3.囊胚期植入（受精的第五天），受精卵在體外能多培養就培養，可獲得品質更好的胚胎。

4.也可將胚胎冷凍起來，等待更適合的較佳時機再植入。比如在誘導排卵時，容易因卵巢過度刺激症候群而影響著床成功率，或是工作因素等。

接受不孕治療的夫妻會有很多壓力、困擾及未知，但只要著床，其餘就和正常懷孕一樣，不需要過度緊張，以平常心看待即可。若有疑問，應隨時請教不孕症及婦產科醫師。

人工智慧時代的婦產科

不過幾年前，人工智慧（ＡＩ）還是電影裡的科幻故事，如今已經夢想成真。人工智慧不只是善體人意、能言善道的可愛機器人，也不只是打敗西洋棋王，還影響了人類文明。

「人工智慧」到底是什麼?是讓電腦或任何機械經過機械學習（machine learning）、深度學習（deep learning）、大數據（Big data）如臺灣的健保資料庫，展現出類似人類的智慧。以 Google 的影像搜尋功能來說，只要上傳皮膚科的疑難雜症圖片，它就會給出近乎正確的診斷，ＩＢＭ的 Watson for Oncology 則可迅速讀取文獻，提供治療意見。

目前醫學人工智慧有卷積式類神經網路，能夠處理空間上的速績資料，從點陣圖形直接辨識出影像模式，遞迴式類神經網路則處理時間序列、語意結構等資訊。總之，人工智慧包含了數據分析的算法、技術及系統，如自然語言程式、機器學習、圖像、形態辨識。

美國醫學會認為人工智慧目前在醫療上屬於「增強智能」（augmented intelligence），主要是協助醫療人員更有能力處理疾病，比如培訓時使用的道具、增強醫師診斷的工具、可穿戴的生醫感測及人工智能、健康大數據分析、微觀及巨觀的健康決策等。

人工智慧固然能夠輔助診斷、療效評分及預測，卻無法提供需要醫療技術與人性關懷的部分，然而，能夠善用人工智慧的醫療人員將領先比較不會的醫療人員，提供更有效的醫療照護。當然，人工智慧融入醫療時，也應注意病人的隱私、安全與完整性。以病患個人而言，程序上可分：一、疾病風險預測。二、症狀與徵象分析。三、就醫建議。

以人工智慧在醫療上的影響來說，如下：

1. 影像醫學。
2. 病理切片。

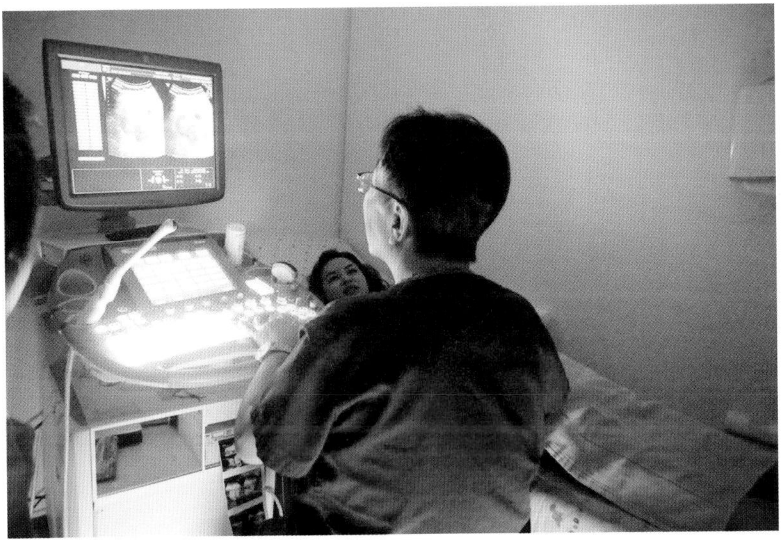

3.機器人手臂（達文西手臂）。

4.形態辨識。

5.隨身的ＡＰＰ應用與ＰＯＣＴ。

人工智慧在婦產科的應用上則有：

1.影像醫學方面：如超音波３Ｄ、４Ｄ、婦產科Ｘ光、電腦斷層攝影、核磁共振等影像，都可以用ＡＩ來比較、分析。測量胎兒血液動態的都卜勒超音波，ＡＩ更是大有助益。

2.病理切片方面：如子宮頸抹片、子宮內膜等細胞病理、婦產科的病理切片與胎兒的病理切片。

3.機器人手臂方面：達文西手臂也能應用在婦產科手術上。

4.形態辨識方面：如分析胎兒的心跳監測。

5.隨身ＡＰＰ應用與ＰＯＣＴ方面：前者如月經等各種問題的處理，後者如隨點醫檢。

不管人工智慧對婦產科醫師的影響如何，若能妥善應用，將對婦產科醫療有所助益。臺灣在人工智慧方面的實力領先，臺灣大學甚至是亞洲人工智慧第一名，若能和臺灣進步的醫療互相配合，更能造福婦女朋友。

第二章

孕中

孕期四十週記事

第一週

懷孕第一天事實上是最後一次月經的第一天（LMP）。月經是上一次的月經週期因沒有受孕，而把子宮內膜做一清床的動作，等待下一次月經週期有機會受孕。從LMP至排卵、受精、著床，要經歷兩週的「濾泡期」，這段時間由於沒有精子和卵子結合而成的受精卵，從超音波當然看不到寶寶。孕期的計算是為了方便，而LMP是可以確實記錄的。換言之，懷孕週數要減兩週才是胎兒實際的週數。懷孕週數等於胎兒實際週數＋2。

第二週

和第一週一樣，還沒看到寶寶。不過在本週末期，成熟的卵子（通常是一顆）會從卵巢的卵泡（濾泡）排出，再從幾億個精子中，海選出一個最棒的精子與之結合，形成受精卵，也就是生命的開始。精子和卵子在輸卵管相遇相合後，會再移至子宮著床，若未抵達適合著床、生長的子宮內壁，就有可能發生子宮外孕（異位妊娠）。

第三週

受精卵形成的第一週。受精卵經細胞分裂形成胚囊，進入子宮腔內停留三天，待子宮內膜準備好後，再與子宮內膜接觸形成融合，此過程稱為「著床」。懷孕第三週是最後一次月經第一天算起的排卵時刻，前後三天都可算是「受孕期」；若以避孕的觀點來看則是「危險期」。排卵後，卵子可存活十八～二十四小時，精子的生命可維持四十八～七十二小時，一次射精約可排出二～三億個精子，登陸約需十小時，只有約一百萬精子可到達卵子所在處，其中只有速度最快、實力最強的才能抵達終點，和卵子結合，並在接下來的十個月（四十週或二百八十天）中經歷各種挑戰。

第四週

胚囊已著床，絨毛膜形成（有胚胎、卵黃囊、羊膜囊、胎盤初型），但還沒分化成人形。此階段胚胎極速細胞分裂，細胞數量急劇增長（生長），並逐步分化成不同的組織器官（發育）。若於第四週末做尿液妊娠試驗，可能會得到陽性的結果，三天後可再測一次或抽血檢查β－HCG（正常懷孕早期會每兩天倍增）。這時的胚胎大小約莫為一粒芝麻。要是月經該來沒來，而且在第二週的排卵期有過性行為，就有當媽媽的可能了！懷孕會帶來不適、不便，但對女性也有好處，可治療經痛（如子宮內膜異位等所致），增加智力、免疫力，減少癌症，使骨骼更強壯。

第五週：第一次心跳

胚胎各個器官都見雛型，也出現小芽般的小手、小腿。中樞神經系統開始發育。心臟開始跳動，已有左右心之別，可將母體的養分和氧氣送至胚胎的每一個細胞。出現呼吸管，胎盤開始提供胚胎養分。使用陰道超音波可在懷孕第六週末看到胎兒心跳，但除非必要，最好不要用陰道超音波。當然，若真的還不打算孕育寶寶也應盡早處理，用墮胎藥RU四八六對母體影響較少。

第六週：頭部形成

看起來像隻小蝌蚪的胚胎有心跳了，每分鐘約一百四十下。四肢的樣子明顯許多。

肺、肝、胃、腸、胰、腎等主要器官開始發育，血液開始流動。原始消化管開始形成。此期除了心跳明顯可見（在脹尿的情況下，以腹部超音波可見），更重要的是神經管閉合，形成胚胎的腦部、頭部，若神經管閉合不佳，就會有神經管裂孔。葉酸在此過程非常重要。母親就是胎兒的一切，胎兒的營養需要母親全力支援。

第七週：唇顎發育

胚胎愈來愈有人樣了，短短一個月內，從受精卵的一個細胞發展至大部分重要器官都已出現，如此神奇的發展至今仍是個謎。寶寶的五官更加明顯，唇顎發育。小手、小腿也破芽而出。胚胎重要器官在此時形成，懷孕第六～七週時，要特別避免外來的危害，如藥物、輻射、熱、感染、汙染等。若情況允許，第六週至十二週最好不要使用藥物，盡量採用其他非藥物治療方法。淋浴的水溫以三十八～四十二度為宜，洗澡不要超過十五分鐘，高溫、缺氧都會影響胎兒。若流血、腹痛狀況持續，一定要馬上就醫。

第八週：耳朵發育

胚胎的頭部更明顯，腦部開始分化，耳朵也發育起來了，聽得到媽咪的呼喚。骨髓開始鈣化且變長。關節、手指、腳趾開始形成，超音波可看到骨骼的白色鈣化，此時攝取鈣變得很重要。懷孕第七週至十二週是妊娠嘔吐的高峰期，若連吐三天無法進食，母體會分解自身的蛋白質，對母體造成不良影響，要特別注意。其他懷孕早期的不適如腹脹、胃灼熱、情緒不穩、口渴、頻尿都要注意。

第九週：初具人形

胚胎愈來愈具人樣了，頭部和身體愈來愈分明，擺脫先前的彎曲狀，靠在準媽媽的肚子上聽得到心跳。器官都成型了，心臟已分成四個腔室（左右心房和心室），可更有效地循環、生長、發育。五官明顯可辨，看到眼皮覆蓋，鼻尖出來了……手腳、四肢完全成形，可以動來動去，臂芽比腿芽長得快，每一階段中，臂芽成長的速度都比腿芽快幾天，形同預現了日後的發展，出生後的嬰兒先會用手抓，過了六個月才會坐、爬。

第十週：牙齒形成

心臟完全發育好了。腦的發育迅速，神經系統有反應，腦部一個命令，肌肉就一個動作，胎兒開始動手、動腳。肝、脾、骨髓開始製造血液。眼、鼻、口更清楚了，二十顆小芽苞的牙齒開始形成。

第十一週

胚胎的身長和體重都增加了一倍，肋骨構成的胸部逐漸關閉以保護心臟，眼瞼關上以保護眼睛。重要的器官都發育完成，若此時平安無事，發生先天性畸形的機率大大下降，器官已定位，腸道從臍帶移入腹腔。胎兒的睪丸或卵巢已長成，外生殖器還有幾分相似。

第十二週

胚胎已是人模人樣（從超音波看起來像個人），即將告別胚胎期，進入胎兒期。腦及各種器官大幅生長、發育。全身各部的骨骼鈣化，手指和腳趾分開，從指甲床長出指甲，骨骼內部的骨髓腔開始形成紅血球。

第十三週

正式進入胎兒期，更加人模人樣，變成可愛的寶寶了。直到出生之前，胚胎都是一個不斷建造、凋亡、修正的生命體系，最終離開子宮，獨立生存。一切持續發育成熟中，肺、氣管、胃、腸、肝、胰長成最後的形態且有功能，腎臟可以排尿液了。耳朵雖然還沒發育好，但聽得到聲音，可以開始對寶寶說話了。胎兒的骨骼、牙齒持續發育，孕婦要特別注意補充鈣。

第十四週

胎兒可以動手動腳，甚至能手舞足蹈了，媽媽或許會感受到輕微的胎動。神經系統已發育完全。胎兒開始呼吸練習，雖無實質生理意義——未到出生哇哇大哭那一刻，氧氣都是靠連接胎兒和胎盤的臍帶供應。胎盤發育更完備。這時每個胎兒開始有自己的模樣，顯現出與眾不同的地方，包括從父母遺傳而來的行為模式。

第十五週

胎毛布滿了胎兒全身，可看到眉毛和胎髮。胎兒的表情更豐富，會皺眉，眼睛和耳朵往前生長，脖子更直了，頭開始轉動，整體可以動來動去，但孕婦還感受不到明顯的胎動。外生殖器出現男生或女生的明確特徵。

第十六週

胎兒的手腳長成，關節可靈活活動；也可以看到胃腸蠕動，胎兒會偷偷打嗝。腹部超音波已可看出胎兒的性別。

第十七週：穩定中成長

胎兒的頭髮、眉毛、睫毛又長了不少，手指甲和腳趾甲清晰可辨。可聽到媽媽的心跳，也對外來的聲音有反應。胎兒開始好動，已可感覺到胎動，尤其是懷第二胎或第三胎。

第十八週

胎兒的肺快速生長，腸道開始蠕動，心臟更是蹦蹦蹦地跳。此時活動力十足，甚至能翻滾，子宮就是胎兒的遊戲場。反之，若沒有胎動或胎動異常，應多注意。數數一小時內的胎動次數，紀錄三次，將每次的胎動次數相加之和乘以4，就是十二小時的胎動次數，若多於或等於三十次，說明胎兒正常。若連續四小時沒有胎動或突然間胎動太頻繁（可能是缺氧），應及時就醫。胎兒的心跳每分鐘約一百二十到一百六十次。

第十九週

胎兒皮膚分泌出胎脂，用來保護長期浸泡於羊水的皮膚。神經產生髓鞘的物質以保護神經，這時要多加強特殊脂質的攝取。胃、腦開始工作，會看到吞嚥羊水的動作。

第二十週

胎兒的感覺器官各就各位，味、嗅、聽、觸、視覺都已完善，對外界刺激有反應。胎兒可分辨出媽媽的聲音，且能聞聲而動，此時是胎教的最佳時刻。睡眠姿勢可採取左側臥，減少增大的子宮對血管的壓迫。

第二十一週

胎兒的感覺器官更完善了，可進行全方位胎教。味蕾形成，知道味道的好壞，胎兒也會吸吮自己的小拇指。

第二十二週

胎兒的大腦快速發育，可開始有意義的胎教。皮膚上的血管清晰可見，有了汗腺、手指甲和腳趾甲形成且會長。

第二十三週

胎兒愈來愈人模人樣，可在此時留下3D或4D生活照。胎兒的聽覺可分辨出子宮內外的任何聲響，如準媽媽或準爸爸的聲音、胎教音樂，注意不要太大聲，也不要經常接受超音波檢查。

第二十四週

胎兒不停吞吐羊水，不只是練習吞嚥動作，而是在練習呼吸，此時形成了呼吸通道。懷孕第二十四～二十六週最適合做超音波，不論是2D、3D或4D（動態3D）超音波，可做為胎兒的成長紀錄。

第二十五週

胎兒已可握緊拳頭，彷彿立志要長大，在雄厚又有彈性的臍帶（一條臍靜脈、二條臍動脈）大力支持下，一切都繼續發育中。

第二十六週

胎兒的眼睛已形成，可察覺光線明暗的變化；聽覺很敏銳，可聞歌起舞，還會對觸摸有反應。若貼在準媽媽的腹部仔細聆聽可聽到胎兒的心跳，使用胎音器也可獲取胎兒的心跳，做為健康狀況的評估。

第二十七週

胎兒的眼睛和視覺發育良好，虹膜、睫毛等都形成了，可察覺光暗，出生後即可分辨黑白。胎兒也常吸吮手指，大腦皮質尚屬平滑，表面出現了溝迴和皺褶，且各部分分化各司其職，功能愈強，可掌握感官和運動，但負責思考、記憶的腦區仍在發展中。

第二十八週

胎兒的肺部已經能呼吸了，但肺泡還沒成熟。若此時有早產的危險跡象，必須打類固醇讓胎兒的肺泡更成熟，真的早產才有較高的存活率。這時胎兒最喜歡的聲音是媽媽的天籟，如果和胎兒說話，他會以胎動來回應，或許胎兒也能開始發出聲音了。

第二十九週

胎兒的腦部繼續發展，溝迴增多，神經細胞的聯繫使腦部神經功能增強，視覺發育已完成，生命中樞開始作用，且控制胎兒的生命徵象如呼吸、自主神經、體能等，胎兒各方面功能增加且好動，但日益增大的身軀反而限制了胎兒在子宮內的活動範圍。可以摸摸肚子來檢查胎位，更可用超音波再次確定。

第三十週

胎兒的眼睛能夠睜開及閉合，也能辨認顏色，腦部及肺部繼續發育，頭頂有愈來愈濃密的胎髮，但可能快看不到胎兒的胎髮了，因為頭部已經朝下定位，孕婦的骨盆腔和胎兒的頭型正好攏合，那是頭位產（胎位正，順產）的位置，有些胎兒不想那麼快就定位，那不妨再等一陣子。皮下脂肪累積，皮膚變得平滑，脂肪有保暖作用，也是胎兒的能量來源（嬰兒時期乳類提供的營養，脂質也占一大部分）。

第三十一週

胎兒的腦部及肺部發育趨近完成，眼睛變化更明顯，活動時睜開，休息時閉上，瞳孔能放大縮小。身體增長趨緩，但體重增加迅速。三十一週後，準媽媽要多做產檢，以便知道胎兒生長發育的情況，控制孕婦體重及決定生產方式，也要注意生理性腹痛與病理性腹痛。生理性腹痛是僅僅幾秒鐘的宮縮並伴有下墜感，病理性腹痛則是下腹持續劇烈疼痛，有陰道出血或早產，至少每十分鐘有一次子宮收縮，且持續三十秒以上。

第三十二週

胎兒五臟俱全，五官也完全發育，能感受到內外的刺激。雖然胎頭已在骨盆腔內，但還是喜歡轉動頭部。

第三十三週

由於胎兒長得快，子宮內沒多少預留的空間，此時羊水也最多，胎兒還可以動一動，伸展筋骨，準媽媽應計算與記錄每天的胎動次數。胎兒的皮膚因皮下組織增加，從紅嬰仔的紅色轉成粉嫩的粉紅色。

第三十四週

胎兒的頭應該朝下了，若胎位不正，可以在此時糾正。胎兒的運動更加困難，漂浮在羊水中的歲月已成過去式。胎兒的免疫系統持續發育，為出生後的感染等做防禦準備，但主要還是靠準媽媽給予免疫抗體，這也是為什麼在寶寶出生前二個月，幫準媽媽預防注射的「被動免疫」對胎兒有所助益的原因。

第三十五週

胎兒的神經、維生系統發育成熟，手臂壯壯，除了消化、免疫未發展完全，若此時出生通常已可存活，主要看肺部是否發育完善。

第三十六週

胎兒的臉部表情豐富及雙手靈活了起來，但因為太大隻了，在子宮內的活動範圍受限。若三十六週時出生，一般來說已不算是早產。

第三十七週

此週已可算是足月了。由於胎兒未曾呼吸、消化、排泄，肺、胃、腎、泌尿系統都沒經過測試，但新生兒誕生幾秒之後，這些器官就會立即運轉，發揮功能，以便獨立生存。胎兒一出生，經由胎盤的胎血循環必須停止，肺部開始充氧，肺血管的血流增加，左心房血壓也會增加，致使右心房中膈的卵圓孔關閉，此時神經系統必須立即處理感官送來的訊息。

第三十八週

胎兒愈來愈像新生兒了。各個器官進一步生長、發育，如消化系統成熟，開始解黑便了。羊水中若有胎便容易吸入肺部，尤其是胎兒窘迫時。本週，胎兒已經可以變成新生兒了，在催產素的作用下，子宮肌肉收縮，啟動產程，子宮頸會從〇．五公分擴大到十公分，以利胎頭通過，子宮頸的黏液則會伴隨血絲排出陰道，稱之「見紅」，隨即展開產程。

產程可分為三段：

第一階段：從規則陣痛至子宮頸全開。

第二階段：子宮頸全開至胎兒娩出。

第三階段：胎兒出生到胎盤娩出。

產道的擠壓可刺激胎兒的身體和神經、免疫系統，也可促進排出胎兒呼吸道中的羊水，讓新生兒一出生就可以用肺自主呼吸。

第三十九週

胎兒更大了。胎毛大部分已退去，只剩兩肩和上下肢，胎脂也褪去，只在皮膚皺摺處還有。和第三十八週相比，基本上只有身軀大小的變化。

第四十週及之後

一般到了四十週，胎兒已有各種能力，可以完全適應子宮外的生活，最多再待在子宮中二週，就要請胎兒出來呼吸新鮮空氣了。胎兒出生時「哇」地一聲不是痛，而是要趕快用自己的肺呼吸，有了哭聲，皮膚紅潤（表示有氧），臍帶才可以剪掉。過了四十週可以選擇催生或等待，但不論哪一種都要做好「胎兒監測」（詳見八十頁），以策安全。

孕週計算盤

	孕婦體重平均增長 kg	胎兒體重平均值 g	胎兒身高平均值 cm	胎兒雙頂徑平均值 cm	胎兒股骨長平均值 cm
第 8 週	0.5kg	1g	4cm	0	0
第 9 週	0.7kg	2g	4cm	0	0
第 10 週	0.9kg	4g	6.5cm	0	0
第 11 週	1.1kg	7g	6.5cm	0	0
第 12 週	1.4kg	14g	9cm	0	0
第 13 週	1.7kg	25g	9cm	0	0
第 14 週	2.0kg	45g	12.5cm	0	0
第 15 週	2.3kg	70g	12.5cm	3.41±0.43cm	1.85±0.33cm
第 16 週	2.7kg	100g	16cm	3.89±0.30cm	2.28±0.15cm
第 17 週	3.0kg	140g	16cm	4.32±0.22cm	2.68±0.16cm
第 18 週	3.4kg	190g	20.5cm	4.63±0.24cm	3.01±0.15cm
第 19 週	3.8kg	240g	20.5cm	4.67±0.28cm	3.11±0.27cm
第 20 週	4.3kg	300g	25cm	5.24±0.27cm	3.51±0.24cm
第 21 週	4.7kg	360g	25cm	5.62±0.27cm	3.62±0.23cm
第 22 週	5.1kg	430g	27.5cm	5.72±0.36cm	3.93±0.25cm
第 23 週	5.5kg	501g	27.5cm	6.33±0.28cm	4.27±0.15cm
第 24 週	5.9kg	600g	30cm	6.57±0.36cm	4.42±0.24cm
第 25 週	6.4kg	700g	30cm	6.85±0.44cm	4.66±0.25cm
第 26 週	6.8kg	800g	32.5cm	7.05±0.41cm	4.83±0.25cm
第 27 週	7.2kg	900g	32.5cm	7.36±0.38cm	4.93±0.26cm
第 28 週	7.4kg	1001g	35cm	7.58±0.27cm	5.19±0.231cm
第 29 週	7.7kg	1175g	35cm	7.80±0.25cm	5.27±0.23cm
第 30 週	8.1kg	1350g	37.5cm	7.88±0.32cm	5.38±0.24cm
第 31 週	8.4kg	1501g	37.5cm	8.25±0.30cm	5.60±0.27cm
第 32 週	8.8kg	1675g	40cm	8.42±0.30cm	5.70±0.20cm
第 33 週	9.1kg	1825g	40cm	8.55±0.32cm	5.78±0.19cm
第 34 週	9.5kg	2001g	42.5cm	8.65±0.19cm	5.84±0.22cm
第 35 週	10kg	2160g	42.5cm	8.82±0.30cm	6.10±0.22cm
第 36 週	10.4kg	2340g	45cm	9.01±0.27cm	6.29±0.27cm
第 37 週	10.5kg	2501g	45cm	9.12±0.31cm	6.30±0.28cm
第 38 週	11kg	2775g	47.5cm	9.29±0.27cm	6.58±0.18cm
第 39 週	11.3kg	3001g	47.5cm	9.31±0.22cm	6.68±0.20cm

沒錯，產檢就是這麼重要！

首先是為了確定懷孕，有孕才需要開始做產檢。月經在正常情況下延後二週，可先購買驗孕棒檢查，並在二天內再次確認，然後再前往婦產科門診檢查。

懷孕六～八週時，透過腹部超音波可確定子宮內胚囊，但也可能是子宮外孕等異位妊娠或其他病變，如絨毛膜癌等引起的β－HCG上升。陰道超音波可能造成不適，但可以更早看到胚胎，勢必要使用，一切眼見為憑，看胚胎有否正常發育。

一旦拿到《孕婦健康手冊》，代表妳已正式升格為準媽媽，接下來更需要注意產檢時間。

有人問：產檢有這麼重要嗎？以前的人不是都沒有產檢？產檢之所以重要，是為了確保準媽媽及腹中胎兒的健康與生命安全，有問題可以提早處理，避免造成更大的傷害。

產檢重要項目包括：

體重

測量體重上升情形。懷孕期間體重約增加十～十二公斤。初期（〇～三個月）一～二公斤，中期（四～六個月）五～六公斤，末期（七個月～）四～五公斤。增重太快可能有水腫；增重太多胎兒可能太大，容易引起背痛與疲倦；增重太少可能胎兒生長遲滯。

血壓

懷孕時血壓可能比未懷孕時略低。懷孕二十週前，血壓高於140／90 mmHg 可能為慢性高血壓。懷孕二十週後，血壓高於140／90 mmHg 可能為妊娠高血壓，若併有蛋白尿或水腫時，則為子癇前症，嚴重時會引起全身痙攣成為子癇症，危及母親與胎兒的生命。血壓偏高時應臥床休息，飲食控制，必要時得住院以藥物控制並適時生產。

水腫

足部水腫較常見，若全身水腫（如軀幹、臉部）要考慮是否有子癇前症。水腫同時要注意有沒有尿蛋白（表示腎功能可能受損），基本上建議每次產檢都要驗尿。

懷胎十個月是個概念，若以三十七週可娩出成熟的嬰兒，一般把懷孕分為早、中、晚三期，各約十二週，近三個月。各期產檢重點如下：

早期：〇～十二週

1.是否正常懷孕？確認胚胎著床、發育，如六～七週會出現心跳，感受新生命帶來的喜悅。《孕婦健康手冊》的十次例行性檢查從十二週開始。

2.確認孕婦的身心健康狀況，給予適當及早的處置及支持。

3.檢查母胎基因、染色體，如絨毛膜採樣（現少用）、非侵入性檢測等。

4.感染情況。

中期：十三～二十四週

1.檢查胎兒成長情況，如頭圍、身長、脛骨長度等，也會開始感覺到胎動。

2.胎兒內部臟腑及外觀在妊娠十七週時皆已發育完成，《孕婦健康手冊》建議在二十週可照高層次超音波，但可和婦產科醫師討論最適合的週數。

後期：二十五週～生產

1. 評估生產（周產期）的風險，主要是胎兒、母體、子宮胎盤、產道和胎兒大小、骨盆腔寬窄的相對性。
2. 胎兒急速成長期，評估胎兒大小、胎位、羊水、胎盤等。
3. 決定生產方式。

產檢是和小寶貝互動的最好機會，以下是政府補助的十次產檢內容：

第一次產檢
妊娠早期 （未滿 17 週）
妊娠第 12 週以前或第一次檢查
第一孕期母血唐氏症篩檢、脊椎性肌肉萎縮症篩檢（自費項目） 一、例行檢查項目 (1)問診：家族病史、孕婦過去病史、過去產前史、本胎不適症狀。 (2)身體檢查：體重、身高、血壓、甲狀腺、乳房、骨盆腔檢查、胸部及腹部檢查。 (3)實驗室檢查：血液常規（白血球、紅血球、血小板、血球容積、血色素、平均血球容積），血型、RH因子、VDRL、Rubella IgG、愛滋病檢查及尿液常規檢查。 二、問診內容 (1)本胎不適症狀，如：腹痛、頭痛、痙攣等。 (2)身體檢查：體重、血壓、腹長（子宮底高度）、胎心音、胎位、水腫、靜脈曲張。 (3)實驗室檢查：尿蛋白、尿糖。 (4)超音波檢查。 三、產檢建議自費檢查項目：第一期唐氏症篩檢、X染色體脆折症脊髓性肌肉萎縮症（SMA）、非侵入性胎兒染色體檢測（NIPT）、早產檢測。 四、高層次超音波檢查（第一級）。

第二次產檢	第三次產檢
妊娠早期 （未滿 17 週）	妊娠中期 （17 週至未滿 29 週）
第 16 週	第 20 週
一、例行檢查項目 (1)問診內容：本胎不適症狀，如：腹痛、頭痛、痙攣等。 (2)身體檢查：體重、血壓、腹長（子宮底高度）、胎心音、胎位、水腫、靜脈曲張。 (3)實驗室檢查：尿蛋白、尿糖。 (4)超音波檢查。 二、產檢建議自費檢查項目：三十四歲以上孕婦羊膜穿刺或非侵入性胎兒染色體檢測（NIPT）、第二期唐氏症篩檢。	一、例行檢查項目 (1)問診內容：本胎不適症狀，如：腹痛、頭痛、痙攣等。 (2)身體檢查：體重、血壓、腹長（子宮底高度）、胎心音、胎位、水腫、靜脈曲張。 (3)實驗室檢查：尿蛋白、尿糖。 (4)超音波檢查。 二、超音波的部分若因特殊情況無法檢查者，可改於妊娠第三期檢查。 三、高層次超音波檢查（第二級）。 四、預約下次產檢，禁食做妊娠糖尿病篩檢。

第四次產檢	第五次產檢	第六次產檢
妊娠中期（17週至未滿29週）	妊娠晚期（29週以上）	
第28週	第32週	第34週
一、例行檢查項目 (1)問診內容：本胎不適症狀，如：腹痛、頭痛、痙攣等。 (2)身體檢查：體重、血壓、腹長（子宮底高度）、胎心音、胎位、水腫、靜脈曲張。 (3)實驗室檢查：尿蛋白、尿糖。 (4)超音波檢查。 二、產檢建議自費檢查項目：妊娠糖尿病檢測。	一、例行檢查項目 (1)問診內容：本胎不適症狀，如：腹痛、頭痛、痙攣等。 (2)身體檢查：體重、血壓、腹長（子宮底高度）、胎心音、胎位、水腫、靜脈曲張。 (3)實驗室檢查：尿蛋白、尿糖。 (4)超音波檢查。 二、妊娠32週前後提供VDRL實驗室檢驗。	例行檢查項目 (1)問診內容：本胎不適症狀，如：腹痛、頭痛、痙攣等。 (2)身體檢查：體重、血壓、腹長（子宮底高度）、胎心音、胎位、水腫、靜脈曲張。 (3)實驗室檢查：尿蛋白、尿糖。 (4)超音波檢查。

第九次產檢	第八次產檢	第七次產檢
妊娠晚期 （29 週以上）		
第 39 週	第 38 週	第 36 週
例行檢查項目 (1)問診內容：本胎不適症狀，如：腹痛、頭痛、痙攣等。 (2)身體檢查：體重、血壓、腹長（子宮底高度）、胎心音、胎位、水腫、靜脈曲張。 (3)實驗室檢查：尿蛋白、尿糖。	例行檢查項目 (1)問診內容：本胎不適症狀，如：腹痛、頭痛、痙攣等。 (2)身體檢查：體重、血壓、腹長（子宮底高度）、胎心音、胎位、水腫、靜脈曲張。 (3)實驗室檢查：尿蛋白、尿糖。 (4)超音波檢查。	一、例行檢查項目 (1)問診內容：本胎不適症狀，如：腹痛、頭痛、痙攣等。 (2)身體檢查：體重、血壓、腹長（子宮底高度）、胎心音、胎位、水腫、靜脈曲張。 (3)實驗室檢查：尿蛋白、尿糖。 (4)超音波檢查。 二、產檢建議自費檢查項目：乙型鏈球菌培養。

第十次產檢
妊娠晚期 （29 週以上）
第 40 週
例行檢查項目 (1)問診內容：本胎不適症狀，如：腹痛、頭痛、痙攣等。 (2)身體檢查：體重、血壓、腹長（子宮底高度）、胎心音、胎位、水腫、靜脈曲張。 (3)實驗室檢查：尿蛋白、尿糖。

（由衛福部國民健康署提供）

懷孕初期產檢，做些什麼？

婦產科醫師經腹部超音波確認胚胎正常生展，看到心跳，便會發放《孕婦健康手冊》，提供公費的產檢項目，自費的項目可自由選擇。以下（公）表示公費、（自）表示自費。

初期產檢包含哪些？

1. 體重（公）：全孕期十次產檢皆會檢查體重，主要是了解孕婦在懷孕過程的體重增加情況。
2. 血壓和驗尿（公）：主要是看有沒有子癇（前）症（有尿蛋白）、糖尿病（有尿糖）
3. 血液常規：八～十二週（公），CBC（全套血球計數），其中平均紅血球體積（MCV）可做地中海貧血的篩選，平均紅血球體積小於八十，有可能為地中海貧血帶原者。因為地中海貧血可能遺傳給下一代，最好在婚前檢查，若懷孕後才發現帶原，需進一步安排先生做檢測，若雙方都帶原，可做羊膜穿刺確診寶寶是否帶原或為重型地中海型貧血。

4. B型肝炎表面抗原（HBsAg）及 HBeAg 抗原：八～十二週，HBsAg 檢測孕婦有帶原（即不活躍的病毒，而不顯出症狀）；HBeAg 則是有活躍病毒。母親的 HBsAg 檢驗結果只要是（+），不論 HBeAg 檢驗結果是（+）或（－），新生兒出生後就可以立即注射免疫球蛋白（健保有補助）及B型肝炎疫苗。

5. 生化檢查：八～十二週（自），如肝功能、腎功能、電解質、白蛋白／球蛋白，由於孕婦懷孕年齡愈來愈大，加上生活形態改變及成人慢性疾病增加，生化檢查項目同四十歲以上的成人健康檢查。

6. C型肝炎抗體檢查：八～十二週（自），C型肝炎比B型肝炎更有肝硬化、肝癌的可能，會經由血液垂直感染胎兒，胎兒父母親有C型肝炎、醫護人員、靜脈藥癮者都是高危險群，建議務必檢查。

7. 先天性感染篩檢（TORCH 篩檢）：八～十二週（自），會造成先天性感染的病原體簡稱 TORCH，會引起胎兒發育異常、流產、早產、死產等，T指的是弓漿蟲，存在於貓糞中，養貓孕婦需多加留意。

8. 早期子癇前症風險評估：八～十二週（自），腹部超音波、抽血、血壓，有高血壓、糖尿病病史／家族史、多胞胎等，要特別注意。
9. 基因檢測：十～十七週（自），如脊髓性肌肉萎縮症（SMA）、X染色體脆折症、葉酸代謝基因（MTHFR）、愛德華氏症、巴陶氏症、小胖威氏症等，可先透過血液檢驗，有必要再做羊膜穿刺檢查。
10. 第一期母血唐氏症篩檢＋胎兒頭部透明帶：十一～十三週（自），抽血及腹部超音波。

懷孕中期產檢，做些什麼？

懷孕中期是器官分化至早產兒娩出能夠存活的最早時期。

1. 第二次例行產檢：十二～十六週，第一次常規超音波檢查（公），公費產檢僅提供一次超音波檢查，檢查胎兒基本狀況，測量頭圍（HC）、腹圍（AC）、腓股長（FL）。
2. 超音波檢查：十七～二十週（公、自），用來觀察胚胎個數、胎兒心跳、著床位置、發育、子宮胎盤、羊水、臍帶、卵巢的正常。校正預產期且排除子宮外孕、萎縮卵、流產、葡萄胎等異常妊娠。
3. 大於三十四足歲的高齡產婦建議直接做羊膜穿刺，檢查唐氏症及其他染色體異常，也可以進一步做「羊水晶片式染色體基因分析」。每個人的細胞有將近三萬個基因，分布在四十六條染色體上，傳統的染色體染色檢查只能查出染色體及大段的異常，無法查出小片段缺失。即使是小小片段也含有很多基因，產前的檢測發展已可檢驗超過一百二十七種遺傳性疾病，準確率高達九十九%。

4. 二十～二十四週例行產檢：注意胎動直到分娩，雖然胎動第十二週就開始，但十九～二十週才感受得到，一般一小時要有四次胎動，太少要請教婦產科醫師。

5. 高層次超音波：胎兒全身器官系統掃描，逐一客觀科學測量或都卜勒血流彩色超音波（掃描胎兒的頭頸、心臟、臍帶的流速及波形、胎盤血流），3D和4D超音波主要是檢測胎兒外型、動作，還有中期遺傳超音波檢測唐氏症超音波標記，腦部超音波檢測大腦胼胝體、透明間隔、腦室等。

6. 懷孕中期是孕程相對安全期，產檢的主要目的是檢查胎兒的異常，在合法流產（懷孕二十六週）前做一抉擇，若萬事順利，就可以準備迎接懷孕晚期及生產了。

懷孕晚期產檢，做些什麼？

懷孕晚期已經歷三分之二的孕期，一些狀況已定，但胎兒急速成長會影響母體。

二十四～二十八週：例行產檢，妊娠糖尿病篩檢（自）及第二次梅毒檢測。若有妊娠糖尿病應積極控制血糖，大部分可順利懷孕至足月，若沒好好控制，容易影響胎兒多重器官。巨嬰容易導致難產，也會造成妊娠高血壓、羊水過多、感染、早期破水。胎兒出生後則容易有低血糖、黃疸。妊娠糖尿病的篩檢方式是糖水測試，喝完五十克糖水後一小時再抽血檢驗，若沒通過，就要進一步接受一百克葡萄糖耐受試驗。

二十八～三十週：例行產檢、建議接種百日咳疫苗（自）。

三十～三十二週：例行產檢。

三十二～三十五週：例行產檢，此時腹部變大，行動遲緩，胃腸蠕動減少，造成便祕，加上胎兒位置下降，孕婦有下墜感，胎頭又壓迫膀胱，產生頻尿、尿急等。

三十五～三十七週：例行產檢與乙型鏈球菌篩檢（部分負擔），於陰道、肛門取樣。

若檢出，應於待產時使用預防性抗生素。

- 早發型乙型鏈球菌常在出生後發病或死亡，主要是在生產過程或母體子宮內感染，造成肺炎（有呼吸急促、暫停、全身發紺）、腦膜炎、敗血症等。
- 遲發型乙型鏈球菌常於產後一週發病，以水平感染為主。

三十八～四十週：例行產檢與胎兒監測檢查，主要是胎兒大小成長及健康狀況的評估，能否安全順產（包括產兆與生產方式），雖然已經快功能圓滿，但還是有些不可預期的事情發生。我曾遇到安排隔天剖腹產的孕婦，在胎兒監測等一切正常的狀況下，突然胎死腹中，因此要特別注意產兆。

產兆包括：

見紅、現血：子宮頸逐漸擴張時陰道會出血，一般為粉紅色血絲，無血塊。

陣痛：真正的陣痛是規律的，且會伴隨腰痠與腹部不適，時間逐漸縮短，強度逐漸增加，走路時疼痛加劇。常見落紅，子宮頸逐漸擴張。初產婦的陣痛約七～八分鐘一次，經產婦十分鐘一次。

破水：羊膜破裂，羊水自陰道流出，減少一切動作，迅速就醫。

其他產兆：同樣是準備分娩的信號，應特別小心，如：腹部痙攣、頻尿、分泌物增加、胎兒的活動遲緩、胃部較無壓迫，排便通暢（因胎兒下降至骨盆內）。

懷孕晚期的產檢主要是為了確定在胎兒快速成長發育之下的「母子均安」，所以產檢次數、檢查、預防措施較多。百里半九十，最後這十幾週也是會發生一些狀況，準媽媽應耐心等待，積極參與，以免功虧一簣。

善用產科超音波

超音波是一種無侵入性、無輻射性，即時可見的大發明，隨著解像能力與數位重組能力，能夠更即時有效地檢查子宮與胎兒的情況，也是產檢不可缺少的部分，可說是婦產科醫師的第三隻眼睛。

超音波應用了傳導及反射成像的原理，除了用於產科，當然也可用於其他系統和器官，目前更有隨身攜帶的迷你超音波，其他用途還包括了機械性混合、產生熱能。

在產科裡，超音波主要是以探頭和凝膠接觸產婦的肚皮，並讓發射出來的超音波在遇到阻擋的情況下，反射成像。若以維度來說，分成：

- 2D：一般產科及高層次超音波。
- 3D：把2D的平面影像，經X、Y、Z軸後，組合成3D立體影像。
- 4D：3D空間再加上時間，即為4D。

美國超音波醫學會把超音波分為兩個等級，第一級主要測量胎兒大小、鼻骨、頸部透明帶、四肢、心臟、羊水量等基本檢測。第二級則針對胎兒全身器官進行有系統的器官篩檢。

都卜勒超音波則可以測量血流的進出和流程，藉此評估胎兒、子宮、胎盤的健康情況或血管構造異常。

懷孕第六週時，可由腹部超音波看到子宮內是否有胚囊。《孕婦健康手冊》建議在懷孕第二十週時進行超音波檢查，產檢視個別情況而定，一般建議做二到五次超音波。

以「紀念生長里程」為目的的3D和4D超音波通常會安排在懷孕第二十六到三十二週，此時的胎兒肉肉的正可愛，拍攝起來較立體，且在子宮內尚有活動空間，再來就太大了，不容易拍完整。

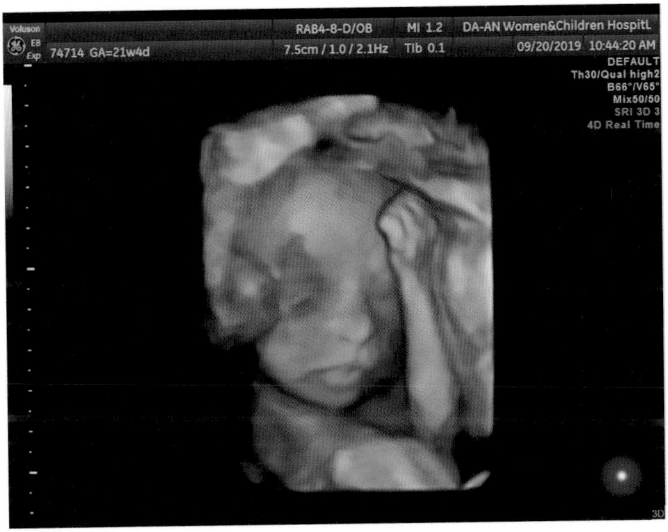

要說明的是，超音波只能解像胎兒的表面，就像一般攝影，針對胎兒內部的解像尚在發展。但超音波也不是只照胎兒，而是可用於各種符合適應症的檢查。

高層次超音波通常在懷孕第二十到二十四週時做，此時可看到胎兒全身，而且大部分器官異常都可在二十週看出來（二十六週前可選擇終止妊娠），因此能夠更詳細地檢查胎兒的器官，尤其是腦、心、肺血管、消化、排泄、骨骼和四肢等，需由專精超音波的婦產科醫師執行。

高層次超音波臨床上可用於：

- 生物測量：可對胎兒直接測量，估算孕齡及胎兒體重。（體重和孕齡的落差是生長異常的主要指標）
- 評估構造：可看出神經、心肺、骨骼、消化、泌尿生殖等的異常。
- 評估胎兒健康：進行生物物理監測。
- 侵入性診療：經由超音波的引導，可進行羊膜穿刺、臍帶穿刺、絨毛採樣，甚至是胎兒治療。
- 其他婦產科狀況。

從頭到腳，高層次超音波可依序看到：

1. 脊椎。
2. 腦部（顱骨、大腦、小腦等）。
3. 顏面部（眼距、上顎骨、兩耳、口腔、臉部）。
4. 頸部。後頸皮膚透明帶，可評估唐氏症。
5. 胸部（心臟、瓣膜、動脈、肺氣管）。
6. 腹部（內臟、胃腸、肝、膽、脾、腎、膀胱、橫膈膜、前腹壁、臍帶）。
7. 外生殖器（男、女有別）。
8. 四肢。
9. 羊水。
10. 胎盤位置、品質。
11. 可加上彩色都卜勒超音波，檢查心臟及大血管、臍帶、子宮動脈血流。

雖然健保不給付高層次超音波，但為了下一代的美好，建議每個孕婦都做，尤其是有家族遺傳史、接觸畸胎物質、產前檢查篩檢有內科疾病、標準超音波異常。

總之，沒有超音波的產檢，彷彿就是瞎子摸象，而且產檢並非萬能，仍然無法排除所有可能發生的情況，還是有些狀況要等到胎兒出生後才會顯現。

什麼是胎兒監測？

胎兒監測（fetal monitoring）是用來評估胎兒在子宮內安好狀態的各種檢測方法。最基本的產科檢查是不使用任何儀器的協助，由婦產科醫師拿著皮尺，透過測量腹圍、子宮底高度，初估胎兒的大小是否符合週數。腹圍常因孕婦胖瘦而有偏差，子宮底高度較為準確。

而婦產科醫師的第三隻眼——超音波，則能更準確評估胎兒大小、胎盤、羊水等。羊水檢查則是在懷孕第十六～二十週進行，現可做胎兒染色體、基因、病源微生物、生化等檢查。

胎兒鏡如今已被3D、4D超音波取代，除了必須動胎兒手術的情況，現已較少用於胎兒監測。

至於胎兒是否安好，需要更詳細的評估，包括生長發育、胎兒成熟度、胎盤功能等。

胎兒計數也是臨床上常用的胎兒監測方法之一，孕婦本身就可隨時隨地進行，不需要儀器。正常在妊娠十八～二十週就感覺得到胎動，隨著週數增加，每日胎動次數也增加，胎動有節律性，可以每天早、中、晚的固定時間，每次一小時測量胎動，每小時胎計數不少於三次。

要注意的危險訊號：

- 每次測量小於三次，表示胎兒缺氧。
- 胎動計數明顯增加，而後胎動減少或消失，表示胎兒有窘迫現象。

建議每次測量小於三次時，可連續三小時檢測，若還是小於三次，就要馬上就醫進行胎兒電子監測（electronic fetal monitoring，EFM）。電子監測能持續監測、記錄胎心率曲線和子宮收縮的壓力波形，觀察胎心率、胎動和子宮收縮的關係。

一般在妊娠三十二週後，每週可做二次無壓力測試（non-stress test，NST），檢查胎動和胎心率的變化，進一步可做胎兒生物物理評估（Biophysical profile，BPP）。

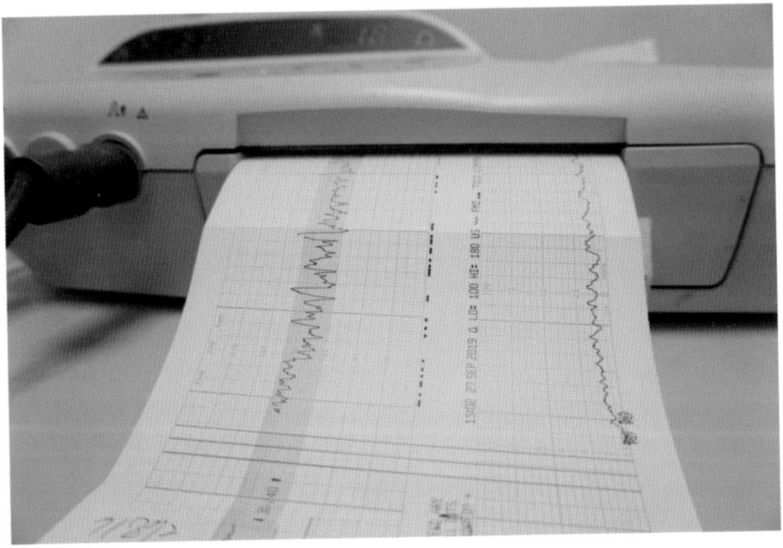

若胎兒在子宮內處於不安好的窘境，下列檢查可做為是否讓胎兒提早出生的評估。

- 胎兒成熟度測定，主要是羊水檢查，檢查子宮內胎兒的成熟度，檢查羊水的卵磷脂（L）和鞘磷脂（S）的比值，若L／S大於等於2，表示胎兒肺部已成熟，出生後不會出現急性呼吸窘迫症候群。
- 胎盤功能監測，可使用彩色都卜勒超音波，或是檢查人體胎盤催乳素等。

認識唐氏症與羊膜穿刺

唐氏症以往也稱為「蒙古症」（現已不用）。正常細胞有兩股染色體群，精卵為一股染色體群，人體共有二十三對染色體，唐氏症則在第二十一對染色體多了一股，可能會產生智力障礙與各種併發症。

卵母細胞會隨著母體的年齡老化，三十五歲是轉捩點，唐氏症胎兒在三十五歲之前懷孕的機率為 1/1734，三十五歲之後為 1/386，加上其他環境的影響，使得卵母細胞愈不易產生健康的卵子。

懷孕十一～十四週做的第一期唐氏症篩選會利用超音波來測量胎兒頸部透明帶的厚度，並抽取母體血液，測量血液中的 PAPP-A 與人類絨毛性激素（ＨＣＧ），藉以估算唐氏症風險，敏感度可達八十～九十%。若篩檢結果低於 1/1000，通常不需做羊膜穿刺；若高於 1/270，經超音波確認懷孕週數無誤，需接受羊膜穿刺；落在 1/1000～1/270 之間，需進行第二孕期的「四指標母血唐氏症篩選」。

懷孕十五～二十週做的第二期唐氏症篩選測量的是母體中的游離β－HCG、甲型胎兒（AFP）、mE3、inhibin A。評估後若高於1/270，應進一步做羊膜穿刺，取得羊水中的胎兒細胞，進行胎兒染色體分析與染色體基因晶片檢測（aCGH）。

國民健康署公告的羊膜穿刺主要適應症為：

1. 高齡產婦。
2. 孕婦經診斷或證明有下列情形之一者：
(1)本人或配偶罹患遺傳性疾病。
(2)曾經生育異常兒。
(3)家族有遺傳性疾病。
3. 孕婦血清篩檢疑似染色體異常之危

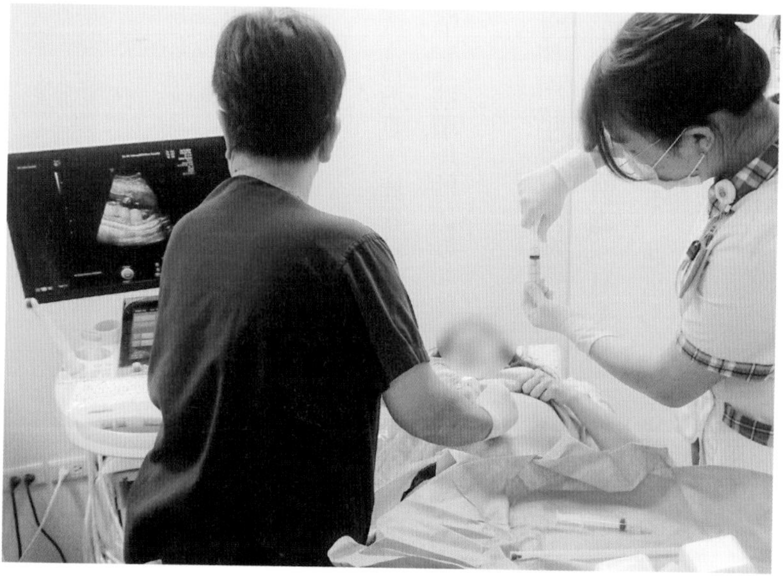

險機率大於 1/270 者。

4.孕婦超音波篩選，胎兒有異常可能性。

羊膜穿刺時，會在超音波的導引下，經腹部取出胎兒羊水。羊水可分為羊水細胞與羊水，羊水細胞需先培養一到兩週之後，才能做染色體檢查。羊膜穿刺後有二～三％機率會引起輕度腹痛、陰道點狀出血或羊水滲出，引起的流產機率則是〇．二～〇．五％，所以一般都建議先透過母體血液做篩檢，確定是高危險狀況，方得使之。

了解懷孕時全身各系統的變化

懷孕對女性而言是個急遽的變化，和非懷孕時有巨大的差別。純以生理來說，母體必須轉變為生產體制，好讓胎兒能夠生長與發育（生長是指量的變大，發育是指質的改變，各組織器官成為有功能的組織），並產出胎兒，也就是分娩。

因此，必須正確了解懷孕時全身各系統的變化及適應，弄清楚什麼是正常？什麼是異常？才不會身懷六甲又方寸大亂。

首先是體重會增加。隨著胎兒的成長，子宮、胎盤、羊水也隨之成長，從孕婦的體重會增加約十到十五公斤即可得知。懷孕早期體重增加較少（可忽略，因胎兒尚小）；懷孕中期每週增加〇．二～〇．九公斤；懷孕晚期每週增加〇．四～〇．八公斤。與其對應的熱量與營養攝取可參考九十六頁。

再者，代謝也會改變。在大量的雌激素、黃體激素及絨毛膜促性腺激素影響下，母體的合成代謝會增加，基礎代謝率會升高，至懷孕晚期可增加到十五～二十％。

接下來分述全身各系統的變化：

心血管系統

血容量（血液體積，血球和血漿之和）在懷孕時會增加四十～六十％，從懷孕第三個月起漸增，第七到第九個月達到高峰，由於血漿的增加比血球多，因此會出現妊娠生理性貧血。

由於血容量增加，心臟的負荷量也隨之增加，心排出量（每次搏出量×心跳數）也會增加。懷孕早期以搏出量增加，懷孕後期以心跳數增加，所以脈搏也會增加。

此外，懷孕時的心臟會比較大，這是因為心室容積增加，伴隨著心室壁的增厚，才能維持心臟的收縮功能。

由於孕期周圍血管阻力減少，舒張壓會從懷孕第三個月開始下降，第四個月到第六個月降到最低，第七個月和第八個月又恢復至孕前水平，這對妊娠高血壓子癇（前）症的評估有參考價值。

呼吸系統

懷孕時，由於新陳代謝及血容量都增加，為了維持恆定，肺活量、潮氣量都會增加，但呼吸次數沒有變化，還是維持在每分鐘二十下。雖然孕婦呼吸時往往給人急促感，但那是因為肚子愈來愈大、胸腔起伏變得更明顯的關係。如果是在休息時呼吸加快，才要小心。

排泄系統

懷孕時，腎臟的體積會增大，腎的血流及腎小球濾過率會增加，大量濾出葡萄糖、蛋白質和電解質。所以說，孕期若驗出尿糖或尿蛋白先不用緊張，只要再做進一步評估即可。為了保持鈉和食欲，懷孕時除了有高血壓等禁忌，可加些鹽、多喝優質水。要注意不能口渴，口渴表示有缺水的情形。也必須進行腎和肝的電解質檢查，血鈉濃度若達一四〇mEq/L，表示血液濃縮，有缺水的現象。另一方面，由於腎小管針對葡萄糖重吸收的功能不會相應增加，所以孕期可能出現生理性尿糖高、血糖高等症狀，需做進一步檢查。

血液系統

懷孕時，血容量（血漿容量）會增加四十～四十五％，但隨著血漿容量增加與鐵補充不足，紅細胞增加相對減少，可能出現生理性貧血。因此懷孕時貧血必須請婦產科醫師進一步評估。

再者，紅、白血球都會增加。由於懷孕本身可視為某種「發炎狀態」，所以白血球增加不見得是感染，也不是看C－反應蛋白（CRP），而是要看白血球的分類，未成熟群是否增加。為了分娩時的止血準備，血液裡的凝血因子也會增加。

貧血則是最常見的懷孕併發症，懷孕時的貧血症狀和懷孕的不適感很相似，很容易被忽略。血紅素若小於11 g/dl 就要注意，尤其是有臉色蒼白、無力、噁心、呼吸困難和水腫等情況時。若貧血，首先要分辨是缺鐵（最常見）、缺葉酸、缺維生素B_{12}，還是屬於遺傳性如地中海型貧血，或有潛在感染及慢性病。

消化系統

消化系統包括了消化道（食道、胃、小腸、大腸）和消化腺（肝、膽、胰），受到懷孕激素群的影響，消化道蠕動會變慢，平滑肌張力也會減少。由於吸收食物的時間增加，常出現胃脹、消化不良與便祕等症狀，但對於鈣、鐵、葉酸與維生素B_{12}的吸收力也會增加。

妊娠劇吐大概是懷孕時最早也最常見的消化問題，通常會在懷孕第六～十六週自然痊癒，但要注意有無其他潛在原因。懷孕時也會出現肝掌（硃砂紅掌）和蜘蛛痣，這不表示有肝功能異常，但若出現黃疸、肝腫大的情形，就要注意。

內分泌系統

懷孕時胰島素會上升，促進葡萄糖進入細胞。甲狀腺和腎上腺素也都會上升。

神經系統

生理上來說，神經系統在懷孕期間無太大變化，但懷孕本身很可能就是壓力，容易引起神經失調。

懷孕的「微生態」

微生態，即微生物群組與人體的關係及交互作用，在人體構成了小小的「微生態」（Microecosystem）。

人體環境的酸鹼、氧氣、營養物的可用性、溼度、溫度等，都會影響到微生態，微生態也和很多疾病，如肥胖、糖尿病、代謝症候群、炎性腸症、某些神經病變（腦－腸連軸）有關。

人體微生物群組和消化道的關係最大，尤其是消化道微生物組，已發現消化道微生物組和糖尿病、肝病、肥胖、精神疾病等有關。人的身體棲集微生物標準有一千多種，每個人腸道中有百多種，更驚人的是，其細胞數量是自體細胞數量的十倍，這些和人體的生理、病理有關，也和中草藥療效等有密切的關係，中草藥有效成分的激活，需要腸道微生物的參與。人體和外界接觸的部分，如呼吸道、生殖道、口腔、表皮，都有特殊的微生物組。

微生態對於懷孕的維持、健康早期發展和兒童的早年生活等都很重要，以往認為「懷孕是個無菌的過程」，現在認為是錯誤的，胎盤同樣有菌。懷孕初期的微生態和未懷孕時並無不同，不論是腸道、陰道，還是口腔。但人和微生態會共同進化，懷孕時由於內分泌改變，進而也會影響到免疫和代謝系統，畢竟要使胎兒能夠成長，又要讓母胎能抵抗外來的感染，這三方面的變化都會影響到微生態。

出生方式是陰道產或剖腹產、餵母乳還是喝配方奶，統統都會影響嬰兒的微生態。幼兒的微生態則要到兩歲才會穩定下來。

懷孕時不應濫用抗生素，因為也會影響微生態、影響健康。懷孕時，可在婦產科醫師建議下適當補充守護女性陰道的 GR-1、RC-14，嬰幼兒用的LGG（鼠李糖桿菌）、BB-12（雙歧桿菌）。

懷孕壓力知多少？

懷孕一點都不輕鬆，有各式各樣的壓力。

懷孕時的壓力來源，心理上來說可能是怕無法勝任新角色；身體上來說可能是因為身體變化，導致難以適應和因應外來刺激、變得容易受到傷害；社會上來說，則可能是懷孕所造成的各種人際影響。

面對這些壓力源，我們的身體會先感受與認知，進而產生「應激反應」。神經系統的立即反應如心跳脈搏加快、血壓上升、呼吸加深、血糖升高（肝醣原分解為葡萄糖），腎上腺皮質也會上升。

懷孕時要注意哪些母體產生的因應呢？

懷孕早期：主要是母體的免疫排斥，需要慢慢調整讓胎兒適合待在子宮腔內。雌體素和黃體素增加則會引起早孕症狀，如妊娠嘔吐，也會出現一些心理狀況。

懷孕中期：相對平穩，已逐漸適應妊娠導致的身心變化。

懷孕晚期：胎兒迅速生長發育，對營養的需求大增，母體的各系統功能調適都來到孕期最大值，身體可能因而不適，體形變化亦大，以因應胎兒的健康和分娩的承受能力。

身體若處於壓力動員狀態對母胎不好，因為懷孕已是高乘載的狀態，沒有太大的空間來適應，若超過負荷，可能會造成早產、胎兒體重過輕。此外，母體的高水平皮質醇會透過胎盤傳給胎兒，也就是說母親緊張，胎兒也會壓力大，將影響胎兒的免疫系統，也可能會情緒不穩，易激。

懷孕壓力—應激會引起胎兒的腦部海馬構造異常，使得記憶與空間辨別能力下降，減緩腦部整體的生長發育。更嚴重的是到了二十歲時容易出現更多精神失調的情形——尤其是男孩子——和成人發炎症狀，如神經內分泌失調、代謝症候群、糖尿病、高血壓等。近來發現，許多成人疾病早在孕卵發育期間就隱藏危機，若想母胎均安，懷孕時要注意減壓。

孕期的飲食大計

隨著孕期的生理變化會產生不同的營養需求。

對孕婦而言，營養均衡能讓懷孕順利，生產不致困難。但也可能因為胎兒搶食，在心理或生理上（想讓寶寶多吃些，也會想對自己好一些）而吃過量，容易堆積脂肪，可多做安全性高的運動，如散步、游泳等。

除了母體的營養需求，孕期的營養也是為了胎兒的體重與腦部神經發育。胎兒、嬰幼兒的營養是一生關鍵，有研究指出，有些疾病如糖尿病、心臟病、失智症等，在還沒出生時已經開始形成。孕期營養不良或營養不均衡將影響胎兒在子宮內的發育，也會在表現遺傳學上發生印記作用，雖然對基因本身沒有影響，不會突變，但會影響基因的表現。以營養不良來說，會經腸－腦軸線造成孕婦和胎兒的焦慮，對母胎心智健康影響大，也會影響胎兒的海馬迴發育。海馬迴負責調控我們的情緒，和記憶直接相關。若是妊娠糖尿病，造成的母胎影響更是全面性的。

然而，營養素的攝取雖有「每天建議攝取量」（Recommended doily intake，ＲＤＩ），但是單一標準不可能適合每一個人，針對懷孕的飲食建議應該因人制宜。健康的飲食策略不是單一增加或減少，而是要做全方位考量。事實上，相比於營養不足，營養不均衡才是如今每一位孕婦真正該注意的重點。

孕期該怎麼吃得好又吃得巧呢？基本上，主要營養來源如蛋白質、脂肪、碳水化合物、植物性纖維、維生素和水都要達標，熱量總和要控制。大原則如下：

1. 保持體重指數（ＢＭＩ）在正常範圍，懷孕前就要控制體重，但不要快速減肥。厭食症則應花一年時間慢慢調整好，才適合懷孕。總之媽媽要先把自己顧好。
2. 懷孕時的身體處於高代謝狀態，需要較多能量。衛服部膳食營養素參考攝取量建議：早期每日增加五十千卡；中期每日增加三百千卡；晚期每日增加四百五十千卡。
3. 控制糖分，碳水化合物以多纖、寡糖、低升糖指數（低ＧＩ）者較佳，而非半乳糖、果糖、葡萄糖、高升糖指數的單醣或多醣。
4. 脂肪應占食物總熱能二十～三十％。脂肪對於胎兒的發育、脂溶性維生素吸收、類固醇激素如雌激素、黃體激素等都有相關。控制脂肪的攝取，尤其要避開反式脂肪或氧化脂肪，少吃油炸速食。

5. 蛋白質至少要占食物總熱量十%，妊娠期需儲存九百～一千克蛋白質，相當於孕婦和胎兒身體每天增加五～六克，以支援胎兒、子宮、乳房等的生長。動物性蛋白質和植物性蛋白質應平衡且多樣化攝取。基本上，碳水化合物和脂肪大部分是維持能量所需，構成細胞組織原料的其實是蛋白質，蛋白質也負責製造酶、激素和神經傳導物質，並與鐵、鈣、鋅等的運載與吸收有關。每日建議攝取量為六十～七十克。

6. 在維生素和礦物質方面，多吃天然蔬果補充維生素與植化素，如維生素B、維生素C、葉酸、維生素B_{12}，也要攝取來自動物性食物的維生素D並適當晒太陽。礦物質則以鐵、鋅、鈣最重要。也可以從產前就開始補充綜合維生素、礦物質，增加維生素B_{12}（尤其是綜合維生素D）、葉酸、魚油（Omega-3）、膽鹼。

7. 每天都要喝好水，至少二千三百毫升以上，每小時喝二百～三百毫升。避免咖啡因、菸、酒、加工飲料、會導致過敏或已汙染變質的飲料。

8. 由於大部分植物性蛋白質無法提供必須的胺基酸，有可能影響胎兒的發展，茹素媽媽更要注意營養或熱量是否不足，適時補充營養素。

完整的孕期飲食計畫應以體重等來監測，一切以適量為原則，所以懷孕晚期幾乎每週都要產檢，因為胎兒的體重評估也會影響分娩。最後的小叮嚀還有：

- 天然的尚好。
- 均質、適量。
- 避免加工食品。
- 注意產品的包裝完整性、製造日期、保存期限、成分。
- 不買來路不明的營養品。

認識膳食纖維的重要性

傳統上，我們知道碳水化合物（醣類）、蛋白質、脂肪、維生素、礦物質等五大健康營養素，現在新加入了膳食纖維（dietary fibers）、植化素（photochemicals）和水。

膳食纖維以往被認為是「堆體」、不被消化、無法吸收，只為大便的形成盡一分貢獻，若多吃富含膳食纖維的食物，例如蔬菜和水果，大便就更大條、更具體成型、易浮上水面。

如今在營養基因組學的研究下，我們已對膳食纖維及其附加營養了解愈發透徹，知道它對人體有益，也能做為益生元，提供營養給益生菌。從流行病的研究來看，經常吃富含膳食纖維食物的人，罹患成人慢性疾病的發生率較低（常見的成人慢性病如腦中風、心血管疾病、高血壓、糖尿病、高血脂、高膽固醇、脂肪肝、肥胖等），對於腸胃疾病如便祕、痔瘡、胃食道逆流、大腸或結腸的炎性疾病及癌症、潰瘍等則有預防保護的作用。

膳食纖維到底是什麼呢？

膳食纖維是由一組食物組成的，主要來自全穀物、蔬菜、水果、蕈菇、藻類。人體內的消化酶無法消化膳食纖維，因此也無法吸收它。但膳食纖維在人體外可藉由其他生物酶發酵，從而增加或改變營養成分，以供應用。人體內的益生菌也扮演著類似的角色，尤其是繼「人類基因與圖計畫」之後，又有「人體微生物組基因與圖計畫」，讓我們更了解人體內的共生者——微生物，也更能解釋膳食纖維做為腸道微生物營養來源的好處，甚至提出了「精準食療」（precision diet therapy）的概念。

膳食纖維含有哪些成分呢？如纖維素阿拉伯木聚醣、菊粉、β－葡具醣及不可消化的澱粉。

膳食纖維可以從飲食中攝取，也可以從健康食品中獲取，也能用在食品配方或藥物裡。膳食纖維對醣類、脂肪代謝和礦物質生物利用，可以增加飽足感，減少腸道的運送時間及吸收時間，並產生短鏈脂肪酸，減少發炎，還能吸收有毒物質，減少癌症的發生。

穀類是膳食纖維的豐富來源，但去掉麩皮和胚芽的精穀只剩下提供熱量的澱粉類，可說是取其糟粕而棄其精華。若是全穀物就不一樣了，麩皮和胚芽（穀物的種子就是靠胚芽而發育成株）含有豐富的維生素、礦物質、植化素類（胡蘿蔔素、多酚烷基間苯二酚、硫化物、本質素、植酸等）和脂質（膽鹼、肌醇），可見其重要性。

好好喝水也很重要！

水是生命三元素，也是營養素之一，沒有東西可以取代它。生命事實上就是化學反應的結果，而水這種奇妙的液體可使化學反應得以進行，並參與了化學反應，還有物理作用。

世界衛生組織如此定義「水」：

- 不含任何有害物質。
- 含一些有益的礦物質。
- 小分子團，有好的溶解度。
- 負電，可除去自由基。
- pH值七．三五～八。
- 氧氣溶解度5 mg/L。

水在人體中占六十～八十%比率，只要人體中的水分流失占了體重一～二%，我們就會有不適感。千萬不要等口渴了才喝水，尤其是懷孕時。懷孕時需要更多的水來滿足生理需求，也提供並滿足胎兒的需求，哺乳期亦然。每天建議至少攝取二千三百毫升。懷孕中若缺水可能會引起痙攣、噁心、水滯留（因為沒有飲水，身體更把水分留在體內）、胃灼熱、疲勞。

更重要的是，水能夠預防一些懷孕特有的症狀，如：

- 早產、流產、早期子宮收縮或嬰兒神經管缺陷（缺水而過熱）。
- 有助排便（懷孕時因為黃體激素的緣故，胃腸蠕動會變慢）。
- 羊水不足（羊水中有九十九％以上是水）。
- 緩解便祕、痔瘡。
- 減少腳踝腫脹。
- 預防妊娠糖尿病（非胰島素依賴型）。
- 預防妊娠高血壓（子癇〔前〕症）。
- 減少泌尿道感染。
- 影響哺乳量。

至於喝多少水才夠？可觀察尿液顏色，無色或淡黃色就表示飲水量充足。尿檢時若驗出酮體也是缺水的現象。

懷孕時應隨身攜帶水壺，瓶裝水既不環保，長期暴露在陽光下也有害。若孕期喝不下水，可加些蜂蜜、檸檬，改喝奶類、椰子汁，或多進食含水量豐富的食物。不要喝太多茶、咖啡或酒精，這些有利尿的作用。

喝水時不要一口氣喝下，最好養成白天每兩小時喝一次，一次三百毫升的習慣，而且不要加冰塊。冰塊除了會影響子宮血液循環，也可能被汙染。氣泡飲料或蘇打水也應盡量少喝。

懷孕時，如何「補」營養？

目前市面上為準媽媽準備的營養保健品太多了，做個明智的消費者，天然的尚好，先從新鮮無害的食物開始。也要記得多食無益，過多可能會造成傷害或負擔。

若真的需要，可補充：

綜合維生素：懷孕時（特別是晚期）新陳代謝增加，所需的維生素量就得增加，尤其是維生素B。也需注意均衡的問題，素食者應補充維生素B_{12}。

葉酸：葉酸在DNA的合成中扮演了重要的角色，對胎兒的腦神經影響重大。葉酸可從深綠色蔬菜中獲取，以減少胎兒腦部神經管的缺陷、發育不良、早產等。

維生素C、抗氧化劑：維生素C會影響胎兒的腦神經發育，也是膠原蛋白之必須，可減少妊娠紋的產生與皮膚鬆弛。

媽媽奶粉：乳類營養素完整，比例恰當，可補充全套的營養。哺乳期也可以繼續喝。

雞精、魚精等動物蛋白質萃取物：精者，內容為小胜肽，可當作純胺基酸補充劑，一天一瓶就夠了。

DHA、EPA：DHA和EPA可促進胎兒腦部發育，也可從藻類和魚類獲得（魚吃藻，人吃魚，吃魚媽咪所生的小孩較聰明，確實是有原因的，不過任何食物都應適可而止，因為現今的深海魚有重金屬汙染的疑慮）。

鐵：詳見一〇七頁。

鈣：最豐富的來源就是牛奶，若有乳糖不耐症的孕婦可吃鈣片。詳見一一〇頁。

益生菌、益生元：孕期不適合吃抗生素或抗病毒藥物，天然的益生菌及菌生元（做為益生菌的食物）能促進準媽媽的胃腸平衡及抵抗力。詳見一一三頁。

我該補鐵嗎？

鐵非常重要，除了大家熟悉的含鐵蛋白質，如血紅蛋白、肌紅蛋白以外，鐵也與細胞色素酶系、過氧化物酶等和氧轉化的酶系統相關。

女性因月經的血液流失，常常伴隨鐵質的流失（血紅素中含有鐵質）。衛福部「國人膳食營養素參考攝取量」建議，十三到五十歲女性每天應攝取十五毫克鐵質，懷孕後期開始至分娩後兩個月的婦女，由於生產時失血與哺乳所需，每天應攝取四十五毫克鐵質。

除了注意鐵質攝取量，還要考慮鐵質吸收率。動物性來源的鐵質比較容易被人體吸收，為血基質鐵，如血紅素、肌紅素等。蛋黃的含鐵高於蛋白。植物性來源的鐵質為非血基質鐵，而且植物本身的植化素會影響鐵質的吸收，如咖啡和茶中的丹寧，都會和鐵結合，降低吸收率，不過植物中的維生素C又可以增加鐵質吸收率。由於植物性鐵質吸收率較低，所以素食者較易缺乏鐵質，可多補充顏色較深的蔬果和堅果。

懷孕時也需要鐵，懷孕後期尤其需要更多鐵。胎兒體內的鐵含量（70～75 mg/kg）會隨著胎兒的體重和血容量的增加而增多，為了維持胎兒的鐵，孕婦就需要更多的鐵。

若孕婦本身嚴重缺鐵，將影響胎兒體內鐵的狀況，可能導致胎兒生長遲緩。而不論是胎兒或嬰兒，若缺鐵和鐵的代謝異常，會導致貧血、心肌病變、骨骼肌無力、胃腸動力異常、呼吸發育不良等。缺鐵還可能導致神經發育異常，損害一旦發生，補鐵也無法轉回。貧血（血紅蛋白小於或等於10 g/dl）和鐵儲備減少（血清蛋白小於或等於76 μg/L）的早產兒在原胎齡三十七週時，其神經反射異常的比例高於較正常的早產兒。

胎盤血管病變、孕婦高血壓或糖尿病所造成的慢性缺氧，也會造成胎兒鐵含量的實質減少，尤其是肝內的鐵儲存度會下降（可能發生在由糖尿病孕婦生下的嚴重缺鐵新生兒身上，接著腦、心臟的鐵含量也會減少）。總之，孕婦與哺乳女性都要注意鐵的補充。

孕婦若缺鐵對自身也有影響，如果運氧的血紅蛋白和肌紅蛋白下降，或有氧呼吸的細胞色素C下降，都會造成孕婦的無氧糖解。

認識乳鐵蛋白

乳清有助於做為鐵的運送載體，大部分的鐵會結合在乳清蛋白中的乳鐵蛋白（lactoferritin，LF）裡，也有抗菌活性。乳鐵蛋白不是鐵，而是能夠運送鐵，是一種鐵結合性糖蛋白，具有多重生物活性，如：

- 鐵離子的運轉。
- 抗菌、抗病毒。
- 抗炎、抗氧化（螯合鐵），防止神經退化性疾病。
- 免疫調節，脂多糖的結合性質。
- 調節骨細胞活性，促進骨骼發育。

乳鐵蛋白的抗菌性主要是因為能夠結合鐵，抑制細菌的生長，適當應用乳鐵蛋白可以增加嬰兒、孕婦、哺乳婦女的抵抗力。

母乳裡鐵的含量本身就不足，牛奶和羊奶的鐵含量比母乳更低，所以嬰兒配方奶粉中會補充牛的乳鐵蛋白1mg/mL。在乳品中經常加入的鐵有：檸檬酸鐵銨、膽酸亞鐵、甘油磷酸鐵、硫酸亞鐵、硫酸亞鐵銨、葡萄糖酸亞鐵等。

我該補鈣嗎？

鈣是重要的生命元素，也是必需營養物，它有很多生物功能：如建構骨骼（骨骼是人體最大的鈣儲存庫）、平衡體內電荷、血液凝固、細胞黏附、細胞生命週期、激素分泌刺激等。

人體本身無法產生鈣，而且每日會經由汗水、尿液和糞便排出，因此要從飲食中獲取鈣，並注意人體對鈣的吸收與利用率。從嬰兒至青少年的成長期都需要鈣，進入中老年也要補充鈣以預防骨質疏鬆。

懷孕時，母體的生理調節機能會確保胎兒對鈣的需求，而不影響母體的骨質，前提是攝取充足的鈣。整個孕期需儲存四十克鈣（胎兒骨骼生長約需三十克鈣）。胎兒骨骼的鈣化取決於母體膳食中的鈣、磷及維生素D，以維持神經、肌肉和細胞膜的完整。衛服部膳食營養素參考攝取量因此建議，懷孕早期每天補鈣八百毫克，中期和晚期每天一千毫克。孕期補充鈣也可預防高血壓。

若鈣的攝取不足，可能導致以下症狀：

骨質疏鬆：骨中的鈣含量是全身鈣平衡的結果，若血液中的鈣不足，便會從骨骼中取出鈣，長期下來將導致骨質流失，導致骨質疏鬆，甚至骨折。骨質流失是自然老化的過程，三十歲或三十歲之前預防骨質疏鬆可達到最優骨質，補充鈣及維生素D、乳糖，可增加骨質密度。

糖尿病與妊娠糖尿病：飲食中鈣和乳製品的攝取量高，第二型（成人型）糖尿病的發生率就低，也可減少肥胖、高血壓、心血管疾病。由於鈣離子是常見的訊號傳導者，鈣的攝入不足或缺乏維生素D可能會改變細胞膜外和胰臟其他細胞（分泌胰島素）間的平衡，因而干擾胰島素的正常釋放，導致葡萄糖的耐受不良。若是妊娠糖尿病的葡萄糖耐受不良，也應適量補充鈣、維生素D。

肥胖：鈣的攝入和肥胖成反比。鈣能夠增強脂肪分解，抑制脂肪的生成，降低維生素D及副甲狀腺素，因而改變脂質的流動。

高血壓與妊娠高血壓（子癇〔前〕症）：鈣的攝入和高血壓、妊娠高血壓和子癇（前）症都成反比。低鈣飲食可能會導致鈣調節激素的生成，反而使鈣離子進入細胞內，增加血管收縮、導致血壓上升。

血管疾病：鈣的總攝入量和腦卒中（出血性或缺血性）成反比。高鈣飲食能降低血壓、低膽固醇及反動脈粥樣化、抗血小板聚集。

癌症：大腸癌、乳腺癌等的發生率和鈣的總攝入量成反比。鈣可能對細胞分化和死亡有關。鈣和膽汁形成不溶性肥皂酸，有中和結腸上皮表面的能力。

經前症候群與產科憂鬱症：兩者都和鈣的總攝入成反比。雌激素會提高鈣沉積和抑制骨吸收，降低血清中的鈣濃度。而黃體期後期因為血鈣過少而引起的卵巢類固醇激素增加，正是經前症候群的原因。

懷孕和哺乳時，需要吃益生菌嗎？

醫學祖師希波克拉底早就提出「萬病起於腸」的概念。消化道、呼吸道、皮膚都是人體和外界接觸的介面，其中又以腸道的任務最繁重。腸道微生態對健康的重要性如今已愈來愈受肯定，良好的腸道微生態需要益生菌和益生元的共同維持（後者是前者的糧食）。以腸道微生態平衡的觀念來說，益生菌可以抑制壞菌，對腸胃炎、細菌性陰道炎、妊娠糖尿病、過敏性皮膚炎等都有效，但益生菌的種類太多了，並非全部安全。

那麼懷孕及哺乳時，該怎樣攝取益生菌呢？除了直接購買益生菌，也可以透過飲食來攝取，如優酪乳、味噌、一些果汁及豆類飲料。益生元則來自洋蔥、香蕉、蘆筍、大豆和燕麥。

懷孕時若服用益生菌，會在陰道分娩的過程中傳給新生兒，協助新生兒的免疫、消化、神經系統發展。益生菌不太會轉移到母乳中，新生兒出生後若接受益生菌治療不應嘗新，也不要攝取過多，益生菌畢竟也是細菌。

懷孕到底可不可運動？

世界衛生組織統計，缺乏運動已被列為早逝的第四危險因素。義大利學者 Daniele Di Mascio 二〇一六年針對二千多名體重正常的單胎孕婦進行後設分析，從第一孕期開始「適度運動」且堅持至足月，並不會增加胎兒流產、早產或出生時體重過低的情形。

因此，除非有個人本身或產科問題，適度運動已被認為是必要的孕期保健，可增加體力，維持適應力，並增加肌力、心肺耐力、筋膜彈性（但孕期的強度不要太大）。運動會促進分泌腦內啡，也能增進舒適度，並為分娩做好準備。運動還能協助產後恢復，控制新陳代謝及體重。同時降低下背痛、尿失禁、妊娠糖尿病、子癇（前）症、剖腹產或器械助產、巨嬰等併發症的發生率。反之，多吃少動就容易母胎均胖，難以均安。

孕期有助益的運動，可分為以下四大類：

無氧運動：增加肌力及耐受力，分娩和排便都要全身的力氣，但要避免過度的重量訓練。

有氧運動：增加心肺功能。

核心肌群運動：能夠站穩，維持姿勢。

筋膜運動：多喝水、輕微伸展、顫動。

美國婦產科醫學會建議，對於大多數無特殊狀況的孕婦來說，每日適合進行中等強度運動二十～三十分鐘，可採取循序漸進的方式，如快走、健身及瑜伽，再接著慢跑等有氧運動。但如有嚴重貧血、嚴重心肺疾病、子宮頸閉鎖不全、多胞胎、孕期出血、前置胎盤、早產或早期破水、子癇（前）症或妊娠高血壓，就不適合有氧運動。

考慮孕期的身體變化與相關影響，孕期運動要特別關注：

1. 孕婦體重增加及身體重心的改變。
2. 脊椎及關節負荷增加。

3. 逐漸變大的子宮會上頂至橫膈膜，影響肺活量，使運動的耐力下降。

運動前一樣要熱身，避免身體過度伸展。孕期由於下肢水腫、關節不穩定，要避免過度的重量訓練，潛水、攀登二千公尺以上的高山、負重，也都要避免。

懷孕早期還要注意避免暴露於高溫環境，因為有可能與胎兒神經管缺損有關，但運動造成的短時間體溫上升，因為時間較短，上升幅度較小，且能自我調整，不會造成傷害。

運動前、中、後都要適當補充水分，避免高溫潮溼所造成的熱傷害。也要注意補充熱量，因為血糖過低會產生暈眩及肢體無力，引起危險。若運動過程中出現不適，要慢慢停下來，如陰道出血、規則陣痛、疑似破水、運動前呼吸急促、頭暈、頭痛、胸痛、肌肉無力、小腿腫脹疼痛等。

孕期運動建議

項目類型	時間頻率	最佳強度	注意事項
低衝擊運動			
走路、有氧體操、游泳慢跑（有運動習慣者）	每天二十～三十分鐘 一週三到五次	可於進行中談話，或小於最大心率的八十％	強度太強，距離太遠，快速變換方向容易造成傷害。
重量訓練			
彈力繩、啞鈴、徒手訓練	每天十五～二十分鐘 一週三到五次	輕量多次（如一～三公斤的啞鈴，十～十五次，一～二迴圈）	不宜長期躺臥，憋氣用力，重量過重，熱瑜伽。
凱格爾運動	每天十～十五分鐘 一週三到五次	約一百次	
兩者結合（例如有氧體操加啞鈴運動）	每天四十五～六十五分鐘 一週三到四次	同以上建議	同以上建議

懷孕時運動，更要懂得正確喝水！

運動是一個耗能散熱的過程，需要水來促進循環、散熱、排除廢物，身體過熱對母胎都會造成影響。怎樣聰明地在運動前、中、後正確喝水呢？

運動前：只要一運動，體溫便會上升，尤其是有氧運動，身體也會出汗，所以在運動之前就要喝水二五〇～五〇〇毫升。大軍未動，水先行。

運動中：運動時需要攝取的水分和個人體質、發汗量、運動種類、強度、持續時間和環境都有關，個別差異極大，須補多少水和體重減少多少（大約就是排汗量）有關，但每小時可喝五〇〇～一〇〇〇毫升，視情況而定；一次喝二五〇～五〇〇毫升，逐次喝完。

運動時減少的水分不宜超過體重的二％。運動時也不應喝水喝到體重增加，容易使血液中鈉離子濃度偏低，引起低血鈉症，也就是水中毒。

運動後：運動後減少的體重主要是水分的減少，而非脂肪，當然脂肪也會有消耗。水無熱量，即使運動目的是減重，運動後也要補充水分。必須說明的是，運動時補充水分不應喝到體重增加，但是運動後補充的水分要比減輕的體重更多一些，這是為了促使運動時身體產生的代謝廢物能夠排到尿液之中。

要注意的是，即使我們覺得喝夠了、喉嚨不渴了，也僅能補充汗量六十五%的水分，並不表示身體已經完全補足水分了。水分補充是否充足應觀察尿液顏色，若水分補充不足，尿液呈深色；充分補充水分，尿液就呈淺色。

運動會導致身體中的水和鹽雙雙減少，若喝下純水，身體吸收水分，但無鹽，造成低血鈉症，有生命危險，所以會無意識中暫停喝水。只有水和鹽同時攝取，才能恢復血液的質和量。補充水分最簡單的方法就是喝「等張飲用水」，水溫最好是五～十五度，鹽分和糖分約四～八%（即五%葡萄糖的生理食鹽水點滴輸液）。孕期運動要持久，更要注意補充足夠的水分。

產後多久可以開始做運動？

產後，每個產婦無不希望能夠立即恢復產前的最佳身心靈狀態，最好連一條妊娠紋都沒有。很多產婦因此開始做產後運動，但效果不佳。事實上，孕前、孕中都要好好做運動，產後才會恢復得好。人要活，就要動，產前、產後一樣需要適當運動，產後運動更應視為「坐月子」不可缺少的一部分。

分娩後，在身體狀況允許下，應盡快恢復運動。一般自然生產，會陰傷口的恢復需兩週，若是剖腹產，以六週為宜。適當運動並不會影響泌乳，但為了防止乳房腫脹造成不適，運動前應排空母乳。當然，運動過程中若有任何不適，應立即告知婦產科醫師，

產後，鬆弛垮掉的肚皮往往是產婦最關心的。懷孕時，腹腔壁的結締組織彈性會增加，以便隨著子宮和胎兒的成長而增大，腹腔也會不斷被撐大，造成腹腔壁的肌力和筋膜的壓力，連接腹部肌肉的白線也會開始撕裂，造成腹直肌的分離。因此，懷孕時若適當增肥，可以增加腹直肌的筋膜彈性，減少妊娠紋，產後復原也迅速。

由於腹直肌的分離，產後切忌做仰臥起坐，可能會使腹直肌更加分離，發生腹壁中空。若太嚴重，腹腔肌肉又無力，反而會造成腹內壓增加，壓迫內臟。

想要恢復分離的情況，可以做腹橫肌運動。腹橫肌是輔助腹直肌的，腹直肌無法在產後立即恢復，需要腹橫肌的協助。

正確的產後腹橫肌運動是：仰躺，雙手置於腹上，肩膀放輕鬆，下巴往內收，雙膝彎曲與髖部同寬，腳掌平放於地上。放鬆腹部，吸氣，吐氣時一腳膝蓋慢慢伸直，過程中保持背部和骨盆緊貼地上。

妊娠劇吐就是害喜嗎？

所謂的妊娠劇吐，指的是懷孕六～十二週時的頻繁噁心、嘔吐，尤其是在早晨，且在排除其他病因以後，體重較懷孕前減輕了五％、體液電解質失衡與代謝障礙。不只是吐，連吃也吃不下，嚴重時會引起腎前腎衰竭、Wernicke 症候群（維生素B_1缺乏而引起的肌肉和神經病變）。

妊娠劇吐之所以會成為問題，主要是因為進食不足，而母胎對營養的需求增加，使得體內總動員以提供能量，導致脂肪氧化增加，酮體累積，尿中出現酮體，容易出現代謝性酸中毒，也容易有脫水的現象。

我們解釋懷孕的不適與疾病時，常歸因於內分泌變化（β－HCG、雌性素、17羥孕酮），但有沒有其他因子也會影響呢？

1. 上消化道蠕動異常。懷孕時因為雌性激素上升，會引起平滑肌鬆弛。
2. 神經因素，自主神經失調。

3. 幽門桿菌感染。

4. 精神心理因素。常見於心理未成熟，較有依賴性，有感情問題者。劇吐可解釋為心理拮抗。

5. 營養不良，如缺乏維生素A、B_1、B_2、B_6等。

6. 肝功能異常。

7. 甲狀腺問題。

要提醒的是，妊娠早期的害喜不應掉以輕心。妊娠早期為胚胎分化期，胎兒腦部發育的第一個高峰期是懷孕十～十八週，需要大量蛋白質與核酸，妊娠劇吐所產生的心理壓力會增加皮質激素的濃度，影響胎兒的情緒，寶寶出生後也會容易情緒激動或行為畏縮。

在妊娠劇吐的營養照顧方面，應優先考量腸內營養，也就是用吃的。只要腸胃道功能正常，用吃的補充日常生理需要的營養與能量，再加入谷胺酸來抗壓，保護與修補因為嘔吐而引起的胃黏膜損傷。大原則是少量多餐，高纖多水，酸度適中，避免油膩、辛辣和加工食品。

若真的無法進食，需採用腸外營養，通常是靜脈注射，也就是打點滴、葡萄糖、維生素、鹽水等，要注意營養和熱量的補充周全，並監測如感染、穿刺損害等。

靜脈曲張需要在意嗎？

靜脈曲張往往是因為懷孕、長期久站、先天遺傳等，使得腿部血液無法回流心臟，並因為壓力的增加而使瓣膜受到更大的破壞，促使血液堆積在腿部靜脈而產生不適，淺部靜脈擴張扭曲變形、血管彎曲。靜脈曲張除了帶來不適感與不美觀，也會產生血液滯留的問題，情況嚴重時，由於下腔靜脈瓣膜逆漏、破損、血管浮凸、變形，就容易產生靜脈皮膚炎，因癢而抓、而破損，最終導致靜脈潰瘍。

靜脈曲張可分為六個等級（C0～C6）：

C0：正常。

C1：蜘蛛絲網狀靜脈。

C2：靜脈曲張腫大，出現蚯蚓形、結節。

C3：浮腫，容易水腫抽筋，易痠麻，有沉重感、倦怠感、僵硬感。

C4：顏色改變，腿變黑或反白，色素沉澱、溼疹、搔癢。

C5：出現潰痛，尚能癒合但容易反覆發炎。

C6：出現傷口、難以癒合的潰瘍。

懷孕由於體重增加，循環受阻，常會出現小青蛇蔓延的腳筋。若出現蜘蛛絲網狀靜脈（C1），就要及早找婦產科醫師討論對策，以免靜脈曲張擴大。而在小青蛇浮現之前，若有雙腿沉重、雙腿腫脹、雙腿疼痛、夜間抽筋，以及灼熱感、搔癢感和針刺感等症狀，也要多注意。

懷孕時為什麼特別容易靜脈曲張呢？主要是因為子宮增大，造成下大靜脈（負責下肢血液回流）的壓力，最後使得皮膚表面的小靜脈也跟著擴張，特別是足踝等處，外陰與肛門處也會產生靜脈曲張，即痔瘡。此外，懷孕時身體會製造較多的血液，因為懷孕而產生的荷爾蒙也會使靜脈變得比較軟。

小腿的肌肉被稱為「第二心臟」，有助於血液循環，懷孕前若能先加強小腿肌的訓練，可使下肢血液有效回流。

如何防患於未然呢？

- 保持適當的運動。
- 避免久坐、久站。

- 避免穿高跟鞋。
- 把腳抬高、按摩。
- 避免穿太緊。
- 穿彈性褲。
- 左側臥，多休息及睡眠。
- 多喝水、多吃纖維質，少鹽。
- 控制體重。
- 避免交疊腳。

懷孕時的皮膚變化、疾病與保養

皮膚是人體最大的器官，也是負責保護阻隔、感官、調節和控制體溫、控制水分和氣體進出、合成脂質及費洛蒙等的重要器官，由外而內依序分為：表皮層、角質層、透明層（只存在手、腳掌）、顆粒層、棘狀細胞層、真皮層、皮下組織。

想當美美的孕婦，首先要關注角質層。皮膚能不能水噹噹取決於角質層的水，保有彈性的皮膚水分為十～二十％，小於十％的皮膚乾燥粗糙。而想顧好角質層，做好保溼最重要，懷孕也不宜使用化學方式去角質。

孕期皮膚易顯得乾燥暗沉，肌膚彈力變差且脆弱敏感，是因為：

- 表皮細胞更新後數量減少。
- 膠原蛋白和彈力蛋白減少。
- 真皮層血流下降。
- 脂肪體積變大，脂肪堆積不散，血流差，造成橘皮組織。

不可否認，孕期最重要的是使受精卵形成胎兒，而人體的資源有限，因此孕期的皮膚不是最受關注的。懷孕時不只腹部會出現妊娠紋，只要皮膚有擴大的部位，如大腿內側、臀部、胸部等，就會出現細紋，這是因為皮下的膠原蛋白被過度延伸，因此出現斷點。我的建議是懷孕前可吃胖些，尤其是太瘦的女性，以免一有妊娠紋就慘不忍睹。雖然市面上有很多宣稱能修復並強化受損的皮下彈性組織、改善細紋的孕婦專用產品，實則效果見仁見智。

事實上，孕期的皮膚保養和非孕期並無兩樣：

- 清潔：先用溫水清洗，用弱鹼性去除油垢，若無油垢也可用溫水搓揉，再用弱酸性的水清洗。
- 保溼：天然保溼為宜，如蘆薈。在角質層沒被破壞之下，一些化學物質的保溼劑，懷孕亦可使用，影響並不大。
- 防晒：避免太暴露於紫外線之下，最好採用物理性防晒，即衣物遮蔽。
- 營養補充：維持皮下的健康如營養、循環、水分等，用吃的最好，比擦的更能進入皮膚各層（擦的僅及於表層，還會破壞角質層，又可能夾帶會影響母胎的化學物質）。可補充膠原蛋白、維生素C（促進膠原蛋白三螺旋的形成）、維生素B（修復皮膚各種代謝神經）、維生素D（鈣的調整）、水分等。

- 維持皮膚的新陳代謝，表皮細胞周期約四至六週，舊的不去，新的不來。
- 隨著四季的皮膚情況不一，因時制宜地進行保養。春季防過敏、抗氧及保溼；夏季防晒、清潔、保溼、喝水；秋季防晒、修復、保溼、喝水；冬季保溼、防過敏、喝水，切勿用高溫淋浴。

特別叮嚀，懷孕時要避免使用含有以下物質的保養乳液，如：

- 防腐劑：Parabens、Phthalates、Phenoxyethanol。
- Bisphenol A and B、雙酚A、雙酚S會造成胎兒畸形。
- 咖啡因。
- 酒精。

其他最好不要使用的可疑添加物包含彩妝、介面活性劑、香料等。

要防晒，更要陽光！

對愛美媽咪而言，陽光是皮膚殺手。陽光可以協助產生胎兒需要的維生素D，但也會減少葉酸。懷孕中該如何接受陽光的洗禮呢？

由於皮膚惡化與病變的主因是紫外線，若能隔離紫外線，就不需要謝絕一切陽光。最常用的防護方式是防晒乳液、防晒霜，依防護原理可分成物理性和化學性。物理性防晒如二氧鈦、二氧鋯、氧化鋅、氧化鋁，利用反射或散射來減少紫外線。懷孕時，建議使用二氧化鈦及氧化鋅這兩種，較不易變質及過敏。化學性防晒則是利用構造共振中和原理，將紫外線轉為分子振動與熱能，但易產生衍生物，孕期較不建議。

此外，懷孕和產後若日照不足，容易產生「季節性情感疾患」，會有睡眠和飲食紊亂、冬季憂鬱症。這是因為腦中的血清素下降，建議多攝取富含色胺酸的食物，如奶、紅肉、蛋、魚。

另一方面，懷孕對於母體來說是個增加負擔的過程，需要全身上下的全員支持，因此皮膚自然也會產生一些狀況。若無特別不適不需要看醫生，但對於皮膚的變化還是要注意，尤其是不該癢的、別人沒有但你有的症狀，還是要請醫護人員診療，別自作聰明，畢竟很多皮膚狀況是潛在疾病的表象。

孕期的皮膚不適若屬於生理性皮膚變化，是因為懷孕的內分泌、免疫等變化而產生，通常對產後和腹中胎兒沒什麼影響，一般只要用溼潤膏液治療即可。這類不適如：

- 皮膚色澤變暗。
- 因張力增加所產生的妊娠紋，第三孕期特別嚴重。
- 第一、二孕期的妊娠皮膚癢、疹或多形斑。
- 指甲變化、嵴化、分裂，指甲的質地和色澤改變，產後頭髮易受損。
- 血管變化、微血管擴張、靜脈曲張、血管瘤、周圍水腫。
- 多汗、多出油。

另一種則是在懷孕期間發生一般的皮膚疾病，畢竟孕期並非疾病的免發期，同樣會發生常見皮膚疾病，只要治療方法不會對母胎發生不良影響即可。

下列和懷孕有特殊相關的皮膚疾病則要特別注意，因為會對母胎有特殊影響，需由醫護人員進行診療：

- 妊娠天疱瘡（pemphigoid gestationals，ＰＧ）：少見，但相當癢，有紅、腫、癢、水泡之疱疹徵象，好發於懷孕晚期。雖然有些會自癒，但要用類固醇和免疫抑制劑。
- 懷孕多形皮疹（Polymorphic Eruptione of Pregnancy，ＰＥＰ）：好發於初產婦的周產期，病因不明，會浮出紅斑和水腫，要用類固醇和抗組織胺治療。
- 懷孕肝內膽汁滯留（intrahepatic cholestasis，ＩＣＰ）：屬於肝病，以癢來表現，先在手掌、腳底出現，然後是全身，常因癢而抓，出現抓痕、痂皮。肝功能檢查有膽酸及ＧＯＴ、ＧＰＴ上升，使用 Ursodeoxycholic acid 治療。
- 懷孕異位性皮疹（Atopic eruption of Pregnancy，ＡＥＰ）：有些是孕期前已有，但有些是孕期發生，可用類固醇及抗組織胺治療。

談談空氣汙染與「氧生」

空氣汙染如何影響人類健康已有廣泛研究，近年讓人聞之色變的PM2.5更讓威脅倍增。懷孕期間，尤其需要警覺與預防空氣汙染影響母胎健康。

空氣中含有很多粒線狀汙染物，稱「懸浮微粒」，懸浮微粒的粒線小於2.5微米時，容易吸附危害物質如重金屬、甲醛、硫酸鹽、苯、三氯乙烯、多環芳香烴等。

更致命的是，一旦PM2.5進入肺泡，雖然肺泡中有巨噬細胞能夠吞噬PM2.5，但巨噬細胞也會在吞噬後隨之死亡，引起免疫力下降，導致各種疾病緊跟而來。被吞噬的PM2.5若殘留在肺部，會引起肺炎、支氣管炎、氣喘和肺泡阻塞。更小的PM1甚至可穿透肺泡壁進入微血管內，循環全身，吸附許多物質，引起全身性發炎，造成各種急性與慢性疾病，影響心臟、血管、腦、肝、腎、生殖細胞，當然也會影響子宮及子宮內的胎兒。

PM2.5對女性的影響有：

- 可能增加流產風險。

- 暴露於PM2.5(10 mg/m3)將減少受孕機率。
- 孕期暴露於PM2.5(10 mg/m3)中,胎兒可能出現生長遲滯、出生體重輕(小於二千五百克)等狀況。
- 產前暴露在汙染的空氣中,死產風險將隨汙染嚴重度而增加。
- 胎兒早產。
- 妊娠性糖尿病。
- 子癇(前)症。
- 新生兒自閉症。
- 先天性畸形。
- 嬰兒出生後易過敏。

空氣汙染和PM2.5蔓延下如何自保?

- 大環境要減少PM2.5來源。
- 不讓PM2.5進入室內。
- 室內避免製造PM2.5,如抽菸、燃香,使用空氣清淨機及種植抗汙植物。
- 外出前查詢當地空氣品質,再決定活動內容,避免在空汙環境中運動。

- 戴N95丟棄型過濾性面罩。

另一方面，很多疾病和缺氧有關，如腦心血管疾病、呼吸衰竭等急性疾病，而癌症、糖尿病、神經、肌肉、皮膚退化、高血壓等慢性疾病也和缺氧有關。婦產科的子宮肌瘤、子宮內膜異位症、子癇（前）症、胎盤功能不足等，事實上也和缺氧有關。

氧氣如此重要卻很少被提及，從受孕到出生這段時間，更是對成長中的胎兒終生健康有極大的影響。缺氧會造成子宮內胎兒生長受阻、糖尿病、流產、早產或死胎。特別是在懷孕第三十五~四十週，孕婦必須處於最佳狀態。

懷孕時，除了睡眠呼吸暫停會引起缺氧，若有下列症狀也是缺氧，如疲勞、打鼾、睡覺時喘氣、白天過於嗜睡、煩躁不安、口腔過乾及氣喘等。

造成身體缺氧的原因很多，從外至內、從系統至細胞，可分成：

- 環境缺氧，比如低氧的密閉室內環境或是空氣汙染。
- 呼吸系統，從鼻、咽喉、氣管、支氣管至肺泡本身。
- 心血管循環系統缺氧，可能是心輸出量不足，血管容量小、痙攣等。
- 血液及紅血球，如缺水，紅血球及血紅量不足。
- 微血管循環，細胞之間的氣體交換效率不良。

• 需氧細胞本身的接受及利用狀況不佳。

這些都很常在懷孕各期發生。

懷孕時較常待在室內，肺活量增加，也容易吸入汙染和低氧空氣，日漸成長的胎兒則會壓住母體的橫膈膜，妨礙呼吸，若本身已有貧血或因懷孕引起貧血，懷孕時更要考量母體吸收的氧氣如何運送給成長中的胎兒。從動脈、子宮、臍帶再至胎兒，處處是關卡，供應子宮的動脈可能出問題、胎盤功能可能不足、臍帶會打結、胎兒本身有問題……胎兒完全是依賴母體的呼吸來接收氧氣。

即便在懷孕第十～十一週時，胎兒會吸入少量羊水，也是胎兒肺部開始發育的時間。卻要到第三十二週胎兒肺部才算成熟，雖然不會真正吸入氧氣（氧氣還是由臍帶供應），但會開始練習呼吸、壓迫與擴張肺部。直到出生時，新生兒才會開始自己獨立呼吸。

總之，懷孕時從母胎同體到母嬰分離，最重要的莫過於「氧生」！

懷孕能接種疫苗嗎？

疫苗有助於保護感染。懷孕期間如有必要，還是應接種疫苗，而且一人施打，母胎皆會受到保護，最好是在懷孕十六到三十二週時。

美國疾病管制中心建議，懷孕時可以施打百日咳疫苗與流感疫苗，若有外傷也可以打破傷風類毒素。只不過流感疫苗應在懷孕前或孕期給予，取決於懷孕期間是否為流感蔓延期。此外，即使打算餵母奶，分娩後立即接種疫苗仍是安全的，疫苗本身不會進入乳汁中。

這裡要特別強調的是百日咳。不論懷孕與否，百日咳對任何人都是嚴重的，對新生兒可能會致命，不只咳嗽且會停止呼吸，孕婦若接種百日咳疫苗，可帶給嬰兒抗體。

若孕婦有B型肝炎，容易在分娩過程傳給胎兒，所以胎兒出生後應立即給予免疫球蛋白及疫苗施打。

除此之外，施打疫苗與否應有更多考量，值得準備懷孕的婦女注意，也須和婦產科醫師多加討論。大部分的活病毒疫苗不適合孕婦，因病毒仍是活的，會傷害胎兒。孕婦應該避免施打的疫苗包括：

- A型肝炎。
- 痲疹、腮腺炎、德國痲疹疫苗（MMR）。若接種德國痲疹疫苗，建議至少等一個月後再懷孕，水痘疫苗亦是如此。
- 肺炎雙球菌疫苗。
- 用來預防小兒痲痺的口服脊髓灰質疫苗（OPV）及滅活脊髓灰質疫苗（IPV）。
- 結核病疫苗（BCG）。
- HPV疫苗（人類乳突病毒，預防子宮頸癌等）。

若有旅行計畫，應在四～六週前施打才有效力，但安全性需和醫師討論。不建議施打黃熱病（活性減毒疫苗）。也不建議接種水痘、炭疽病、帶狀皰疹、牛痘（天花）。

疫苗接種的不適可分成疫苗本身引起的類干擾素症狀，如疲勞、發燒、頭痛、頭暈等，和佐劑有關的疫苗疼痛、過敏。

另外，對於哺乳期的女性來說，滅活疫苗和活病毒疫苗皆不會影響婦嬰，但應避免使用天花和黃熱病疫苗。

流感與流感疫苗

天氣轉涼時，就是流行性感冒蔓延的季節。流感病毒分成A型（人、畜、馬共通感染）和B型（只會感染人類），因此「流感快篩」只驗A型或B型，但哪一種會流行起來，隨時間而有所不同。

流感的臨床症狀有：發燒、咳嗽、喉嚨痛、全身痠痛（頭、眼、關節痛）、寒顫、疲勞、腹瀉、嘔吐，嚴重的併發症有肺炎、神經痛、心肌／心包膜炎、續發性細胞感染，甚至造成死亡。孕婦因為免疫與生理功能改變，成為流感的高危險群；嬰幼兒亦然，因此建議出生後六個月大施打流感疫苗，注射後多喝母乳，母乳中的IgA有預防效果。

流感有飛沫與接觸傳染兩種方式，孕婦周圍若有流感患者，應戴口罩，保持距離，勤洗手，不要接觸患者。

此外，若有下列徵兆應立即就醫，孕婦尤其要特別提高警覺：

- 呼吸困難、急促、缺氧發紺。

- 血痰、痰變濃。
- 胸痛、胸部不適：心肺可能都有問題，需照X光、心臟超音波。
- 意識改變。
- 低血壓。
- 高燒。

接種流感疫苗則是預防流感最有效的方法。

孕婦接種流感疫苗是安全的，也是世界衛生組織建議的疫苗優先接種對象。孕婦接種流感疫苗能降低罹患流感及併發症的風險，一旦感染，也應盡早接受抗流感藥物治療。懷孕因胎兒的存在，母親的免疫功能會有局部抑制細胞間介免疫，並保留體液免疫（抗病毒是靠細胞間介免疫，所以容易受流感病毒的感染）。

呼吸系統是最嚴重的併發症，尤其是第三孕期的孕婦、高危險妊娠、慢性疾病者在流感季節為高危險群，母親垂直感染胎兒的機率不高。會造成胎兒先天異常和孕婦發燒有關，所以懷孕千萬不能發高燒，如果發燒應該立即降溫並就醫，孕婦高燒會導致胎兒腦神經損傷及早產。孕婦接受流感疫苗產生抗體後，抗體會經由臍帶進入胎盤，間接產生保護，雖然胎兒本身很少經胎盤感染流感，但可給予新生兒幾個月的免疫力，並無增加風險的疑慮。

流感疫苗對孕婦的風險和一般人接種並無顯著差異，臺灣自二〇一四年起將孕婦納入公費接種對象。

感染流感時的常用藥物是「克流感」，若有高燒，應用普拿疼，盡量避免用阿斯匹靈及NSAIDs類，其他症狀若非極不舒服，最好不要使用藥物。孕婦有流感或感冒症狀應速就醫，並向婦產科醫師諮詢。

百日咳與百日咳疫苗

孕婦在妊娠第二十七～三十六週應接種百日咳疫苗，產生抗體並經胎盤傳給胎兒，使新生兒一出生就有抵抗力；出生後，二、四、六及十八個月大的新生兒，均可以免費接種非細胞性百日咳、白喉、破傷風、beta 嗜血桿菌及不活化小兒麻痺五合一疫苗（一般產生抗體要二個月）。

新生兒若未完成百日咳疫苗接種，因體內無抗體，與百日咳病人接觸之後，很容易感染。第三類法定傳染病百日咳是個麻煩的傳染病，初期症狀和一般感冒類似，透過飛沫傳染，後續有持續頻繁的嚴重咳嗽，臉色發青及抽筋（因呼吸窘迫而缺氧），伴有持久的嘔吐（超過兩週），影響呼吸及飲食，這些症狀一年四季都有可能發生，若症狀無法獲得改善，會有嚴重的併發症，如肺炎、腦病變。

據衛福部統計，百日咳死亡的患者大多是出生未滿二個月的嬰兒。百日咳仍然是重要的全球性公共衛生議題。

百日咳的預防重點在於保護尚未接受疫苗且免疫力較弱的嬰幼兒，藉由孕婦與可能會接觸到嬰幼兒的高危險族群接種疫苗，將有效保護新生兒免受百日咳的威脅。親近嬰兒的人應戴口罩與洗手，避免百日咳及其他接觸性感染。會接觸到嬰兒者，建議兩週前就要接種百日咳疫苗。

也建議婦女不論過去疫苗接種史，每次懷孕皆應接種一劑減量破傷風白喉非細胞性百日咳混合疫苗（Tdap 疫苗），最好於懷孕第二十八～三十六週接種，使母親的抗體能傳遞給胎兒。百日咳疫苗產生的抗體對人體的保護力可以持續五到十年。

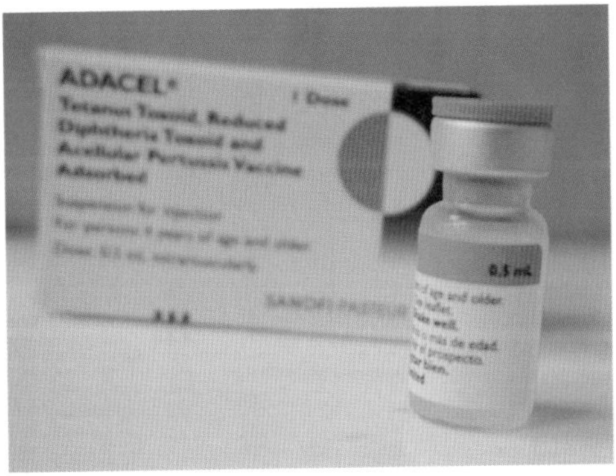

接種百日咳疫苗有局部的副作用，注射部位有紅、腫、熱、痛，全身的副作用是倦怠感、頭痛等，大部分的不良反應會在接種後三天內發生。

接種百日咳疫苗不會影響母乳的分泌和成分，哺乳媽媽不用擔心，若曾接種過百日咳疫苗，對其成分過敏，或有不明原因腦病變、發燒與其他急性症狀，可延緩百日咳疫苗接種。

新住民媽媽的懷孕二三事

早在南向政策之前，人民的腳步就已走出去了，當愈來愈多新住民成為臺灣媽媽時，有哪些新住民的孕事需要特別關心呢？

首先，由於東南亞地區的預防接種率偏低，因此新住民對麻疹、腮腺炎及德國麻疹無免疫力。若無接種證明，新住民可免費接種MMR三合一疫苗。接種前先不要懷孕，因會造成胎兒問題，接種後一個月最好完全避孕；寶寶出生以後，也應避免攜帶幼兒返鄉。

再者，地中海型貧血在臺灣的帶因率為六～八%，在東南亞則有高達四十%的帶因率，因此要先篩選紅血球平均血球體（MCV），若小於八十%，很可能就是帶因者。也要特別注意東南亞族群盛行的血紅素E，血紅素E本身並不嚴重，但若和乙型地中海型貧血基因同時發生，胎兒就會產生貧血、水腫等情形。東南亞族群的缺鐵性貧血盛行率也高達四十～六十%。

此外，東南亞料理一般多以酸、辣、鹹為主，孕期若持續這樣吃，往往造成胃口大開、體重增加太多，雖然一下子吃得太清淡也可能讓孕婦缺乏食欲，為之消瘦，但過鹹會增加高血壓的可能性。

新住民媽媽由於社經地位普遍較低且身心壓力大，很容易有月經紊亂、身心不適的情形。雖然因為多半較年輕，順利受孕不難，但在懷孕與生產後往往缺乏資源，更需加強關照。

妊娠肝炎與B型肝炎

常見的病毒性肝炎有以下五種：

A型肝炎：糞、口傳染。

B型肝炎：可經胎盤血、羊水、唾液、母乳垂直傳染，同產期感染的嬰兒，八十五～九十％會轉為慢性病毒帶原者，新生兒間也會水平感染。

C型肝炎：傳染途徑和B肝相同，有四十～五十％會轉為慢性，最終發展為肝硬化、肝癌，也會影響脂肪代謝、糖尿病等。

D型肝炎：伴隨感染B型肝炎才會感染。

E型肝炎：類似A型肝炎。

懷孕時容易感染病毒性肝炎，其他酒精性肝炎也是，原因在於：

- 孕婦營養需求多，肝醣原儲備下降，抵抗力下降，肝炎又引起食欲不振。
- 雌激素減少活性，影響肝對脂肪轉運及膽汁排泄，易造成積留甚至膽結石。

- 母體肝臟除了自身代謝，也要協助胎兒代謝，負荷較大。
- 為了防止生產時出血，懷孕時的母體為「高凝血態」，肝臟也要盡一分力。

懷孕時若有肝炎，可能會有以下影響：

- 造成早期妊娠反應，如妊娠劇吐等；懷孕中晚期易併發子癇（前）症、肝炎、瀰漫性血管內凝血（DIC）等重症。
- 若有肝炎，「高凝血態」不易維持，容易出血。

因此，已有肝炎未癒者應避免懷孕。痊癒者至少半年後再考慮懷孕。有肝炎時不宜懷孕，因為治療B型肝炎和C型肝炎的藥物會影響胎兒，懷孕時又會增加肝臟負荷，加重肝炎病情。若是真的懷孕，應嚴密監測與照顧，分娩時縮短第二產程，以預防感染、肝昏迷、瀰漫性血管內凝血等。

- 評估HBV、DNA表面抗原（HBsAg）和HBeAg、肝功能、肝組織。
- 病毒藥物的使用，對胎兒的影響，孕婦有活動性肝炎，需治療。
- 接受HBV篩檢，第一次產檢就須測量DNA表面抗原及抗體。
- 新生兒出生後十二小時內要接種HBV及HBIG做為主動免疫預防。如果延遲，可能會增加病毒傳染的機會。

• 哺乳沒有額外風險，但要注意乳房不要受損出血，若嬰兒吸到母血，比較容易受感染。

尤其是B型肝炎，屬於進展性的慢性疾病，至今依然是臺灣人的健康問題之一。又因為B型肝炎可經由母胎各種途徑感染，對胎兒和嬰兒有不良影響，流產、早產、死產、新生死亡率高。

B型肝炎有下列臨床表現，必須小心及進一步診療：

1. 常覺得全身乏力，易疲勞。
2. 輕度發熱。
3. 肝功能異常、膽汁分泌減少、食欲不振、噁心、上腹不適、腹脹。
4. 黃疸、肝功能受損，會出現膽紅素攝取結合、分泌、排泄的問題，造成血中膽紅素引起眼白、皮膚變黃、皮膚癢等。
5. 一般肝臟所在的右上腹並不會劇烈疼痛，但右肋部會有不適、隱痛、壓痛及扣去痛（tenderness & rebound pain）。

上述B型肝炎的早期症狀和懷孕的不適有些類似，很容易混淆或不在意。

B肝進展會發炎、充血，若水腫、膽汁淤積會有腫脹，到了晚期大量肝細胞破壞，纖維組織收縮，肝會變小，若長期發炎、反覆發作就會形成纖維化，為「肝硬化」。肝硬化患者的臉部黝黑無光、手掌充血，皮膚上出現蜘蛛症，女性也會出現月經失調、性欲減退。

B肝病毒可透過母嬰、血液製品、被破壞的皮膚、性接觸而感染。一般不含透過共用餐具、母乳、擁抱握手、接吻……除非見血。

臺灣防治B型肝炎從新生兒疫苗接種開始，除了發高燒超過三十九度、早產體重低於二千五百克、嚴重畸形、過敏等情況，新生兒出生二十四小時內都要接種。

新生兒B型肝炎疫苗接種適合時間：

①出生二十四小時內，先打第一劑。

②出生滿一個月，打第二劑。

③出生滿六個月，打第三劑。

從新生兒的預防接種下手，有效減少成人的B型肝炎罹患率，是臺灣公衛的一大貢獻。接種後則應注意接種部位的局部反應，以及是否有發燒、嘔吐等情形。

妊娠高血壓的預測、預防與照護

妊娠高血壓（PIH）子癇（前）症對母嬰的影響十分重大，要如何預測及預防呢？妊娠高血壓基本上是源自胎盤血管的疾病及其發炎引起後續的併發症，因而造成全身系統的問題，所以要從血管生成和抗血管生成因子、胎盤血流及發育情況來預測與預防。

先進的預測方法有：

- fms- 類酪氨酸激酶 I（fms-like tyrosine kinase I）和胎盤生長因子（placentol growth faceor）的比例（敏感性／特異性較高）。
- 懷孕早期可用血清 NT-proBNP（N－末端前B型泌鈉胜肽）。

很多研究指出，以上兩者可預測妊娠高血壓子癇（前）症的惡化，以便提早進行適當的處理。

一些微RNA（micro RNA）和妊娠高血壓有關，也在研究其他傳統的預測因子，包括妊娠週數、舒張壓、蛋白尿、肌酸酐、尿酸、白氨酸轉氨酶、乳酸玄氫酶和血小板等。

另外，生物物理圖像如：胎兒心跳、胎兒呼吸、胎兒運動、胎兒張力、羊水容積，都需要進行檢查，尤其是高危險孕婦更需密切注意，特別是沒有胎動或胎動較少時。

以上皆需藉由3D超音波或都卜勒超音波來完成，超音波更可對胎盤及胎盤血流做進一步檢查（胎盤是妊娠高血壓和母體全身發炎的來源）。檢查內容包括：血管化指數、血流指數、血管化血流指數、子宮動脈的血流特徵。妊娠高血壓的胎盤若為早發型，胎盤的血流減少，可能會發生螺絲狀動脈缺陷和急性動脈炎，因為妊娠高血壓的血管發展不好，所以動脈血流的阻力大，阻力指數也會升高。正常應小於〇．五五。

另外，妊娠高血壓胎盤的體積減少和鈣化增加是因為血流不夠，胎盤發育因此較慢、較小。缺氧和發炎都會導致胎盤的鈣化。

妊娠高血壓的預測方法如今已大有進步，但預防方法仍然十分有限，如：

- 抗血小板藥物，如每日低劑量阿斯匹靈（八十毫克）。
- 抗氧化物：維生素C和E。
- 缺鈣者：補充鈣及維生素D。

雖然妊娠高血壓基本上是胎盤血管缺陷引起的全身性發炎疾病，但懷孕時不宜使用抗發炎藥物，只有更加小心注意。若是懷孕前血壓已高，懷孕後需要以非藥物或藥物來控制，才不會加重病情。若是本來就已經在服用相關藥物的孕婦，持續服藥即可。

在營養照顧上，由於妊娠高血壓不是高血壓的問題，高血壓只是浮出的現象，子癇（前）症的機制有免疫、胎盤著床，血管內皮細胞受損、遺傳、營養缺乏、胰島素抗性（也和妊娠糖尿病有關），所以除了監測血壓、體重、血／尿蛋白，也要注意血糖及尿糖。

妊娠高血壓的飲食原則如下：

1. 限制鹽的吸收。
2. 攝取足量的鉀、鎂、鈣、鋅、硒。
3. 蛋白質每天一～一．二克／孕婦體重（低蛋白質血症，血壓上升）。
4. 脂肪占總熱量的二十五％（飽和脂肪六～十％，不飽和脂肪占八～十％）。
5. 碳水化合物占總熱量的五十～六十％。
6. 攝取維生素。
7. 攝取膳食纖維。
8. 每天喝二千～二千四百毫升的水，促進水的代謝。水腫是因為缺水而產生水分滯留的結果。

妊娠糖尿病該怎麼吃？

妊娠糖尿病分兩種，一種是懷孕前已有糖尿病，另一種是懷孕後才出現的糖尿病。飲食照顧基本上沒什麼不同。孕期的糖尿病控制仍需提供母胎營養與熱量，並預防產後高血糖和飢餓引起的酮症、低血糖。

- 充足的熱量（糖類五十五％、蛋白質二十％、脂肪二十五％）。
- 蛋白質一百克。
- 每日四至六餐。
- 適量運動。
- 血糖監測。
- 食物纖維。
- 食物的精緻度要低。
- 烹調時間不要太久，那會使食物容易吸收（容易吸收會使血糖快速上升）。

- 食物酸化，愈酸的食物消化速度愈慢。
- 補充益生菌、益生元。

乳癌與懷孕

臺大醫院和國家衛生研究院的合作研究發現，愈來愈多臺灣婦女在停經前罹患乳癌，也就是罹患乳癌有年輕化的趨勢，很可能和愈來愈晚生育、環境荷爾蒙（如塑化劑）有關。也有懷孕婦女即使罹癌也不治療，導致病情惡化。反觀美國，乳癌患者多在五十歲之後罹病，臺灣卻有四成患者在二十歲到五十歲之間罹癌。

女性因懷孕或哺乳期的生理變化，很容易忽略癌前徵兆，導致延誤乳癌的診療。臺灣僅有十二％孕婦願意接受化療。現今研究顯示，妊娠十四週之後，使用化療對胎兒是安全的，不需終止妊娠，這是因為十四週以前是胎兒的器官發育期，做化療還是會有顧慮，但十四週以後器官已經發育完整，而做化療並不會影響器官的長大。除了化療，乳癌治療也不會影響哺乳，哺乳甚至可以降低乳癌復發的風險。

懷孕既能防治子宮內膜異位，也可預防乳癌，生育後的乳腺由於更成熟，較不易受到外來致癌物影響。乳癌通常始於乳房組織的乳腺，也稱乳腺癌，並會從血液或淋巴系統擴散出去。

懷孕時若診斷出乳癌，應該考慮：乳癌的大小、位置、擴散程度、妊娠週數、整體健康考量、個人醫療偏好。

一般情況若發現乳癌，動手術切除比較好。但以現今乳癌療法來說，如果腫瘤超過兩公分以上，大多會先進行化療，然後再予以切除，切除後有時需要再進行各種放射性治療，也就是在腫瘤的位置直接發出放射線（含有大量輻射）。因此若是懷孕，考量到手術後放射性治療的高輻射劑量會對胎兒產生負面影響，乳癌治療應以化療為主，也就是經由血管打入抗癌藥物。但這些都要視發現腫瘤時的懷孕週數、癌症期數等，和婦產科醫師及腫瘤科、乳房外科、腫瘤內科、放射治療科等醫師詳細討論，制定乳癌治療計畫。

若乳癌患者未懷孕，應先處理乳癌，因為卵巢功能會因為某些治療（如化療）受到極大影響，引起生殖功能的下降，建議在治療乳癌之前，先取卵並凍卵，保留生育能力。

生兒育女是女性的天職，懷孕對女性來說可增加身體和心智的能力，減少雌激素引起的癌症，最好的生育年齡是二十二到三十歲，另外可以多運動，避免攝取過多脂肪或熱量，減少暴露在環境荷爾蒙裡，以降低罹患乳癌的機率。

子宮肌瘤與懷孕

臺灣每三位育齡女性就有一位有子宮肌瘤問題。子宮肌瘤有〇．三％的機率是惡性，之所以發病和女性雌激素有關，未生育、肥胖的女性為好發族群。

一般來說，只有子宮肌瘤發生壓迫的情況，如頻尿、壓迫腸道、出血等，才需要進行手術（參考值為五公分大小）。子宮肌瘤的治療應該盡量在懷孕前處理好，以免因此造成不孕、早產、流產、難產、胎盤早期剝離、前置胎盤、胎兒生長受限、畸形等。急症則有肌瘤扭轉或撞擊、快速增大，如此子宮肌瘤本身的組織就會缺氧、壞死、梗塞，並造成疼痛。

一般的子宮肌瘤在孕期屬於非必要手術，可透過臥床休息、補水、止痛等方式緩解疼痛。懷孕前若因子宮肌瘤開過刀，應採用剖腹生產比較安全。子宮肌瘤對懷孕絕對有不良影響，最好在懷孕前就做好評估與相關措施。但如果真的帶瘤懷孕，只需後續觀察即可。當然，如果屬於子宮肌瘤急重症，也不要因為懷孕而不做緊急處理（如開刀）。

子宮頸疫苗非打不可？

子宮頸癌是人類乳突狀病毒（HPV）所引起的。人類乳突狀病毒是全球廣泛散播的病毒，約八成女性和男性在一生中會感染到。這種病毒約有四十種亞型，會造成女性生殖器疣（菜花）、陰道癌、外陰癌等。

子宮頸癌疫苗基本上有2價對16、18型，有4價對6、11、16、18型，也有升級版的9價疫苗，加上第31、33、45、52、58型。

疫苗接種分三劑施打，採用肌肉注射：

- 第一劑（第一次施打時）。
- 第二劑（兩個月後）。
- 第三劑（六個月後）。

接種疫苗的最佳時間點是「接觸病毒之前」，所以滿九歲的女孩就可以考慮接種。

子宮頸癌疫苗屬妊娠用藥分級B，目前並無適當且控制良好的孕婦臨床試驗，只有在明確必要時才會於孕期中使用。

人類乳突狀病毒感染是一種慢性病，潛伏期可長達五十年以上，我認為一般來說，懷孕時沒有必要施打疫苗，雖然懷孕中施打疫苗所產生的母胎併發症和沒施打者一樣。施打疫苗，女性要先確認有無懷孕，若施打疫苗，就要先避免懷孕。

目前尚未確認子宮頸癌疫苗是否會進入乳汁，但在懷孕與生產的過程中，由於抵抗力下降，更容易讓人類乳突狀病毒有機可乘。女性超過三十歲以後，清除病毒的能力開始下降，所以剛生產後就可以接種。

注射HPV疫苗的不適症狀有：暈眩、噁心、頭痛、注射部位疼痛、癢或發紅、發燒。

此外，「六分鐘，護一生」的子宮頸抹片也可在產後六週做。抹片是先知道病變，早期發現，早期治療。HPV疫苗則是用於早期預防，降低三十五歲到五十五歲之間罹患子宮頸癌的風險。

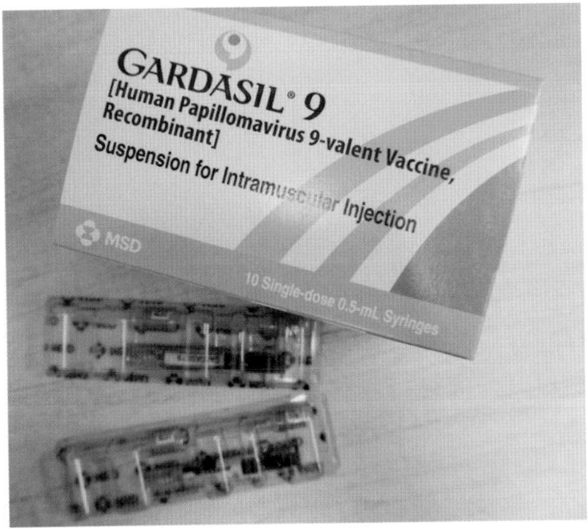

乙型鏈球菌感染對寶寶有影響嗎？

乙型鏈球菌（Group B Streptococcus，GBS）是個隱形殺手，大部分受到感染的孕婦並無任何症狀，不會危及母體健康。有二十五％成年女性的陰道或直腸裡平常就存在乙型鏈球菌，但新生兒經過產道時可能會受到感染。

新生兒若出現早發性乙型鏈球菌（出生一週內），會有肺炎、敗血症、腦膜炎、呼吸問題、心臟血壓不穩、胃腸與腎臟問題；遲發性乙型鏈球菌（出生一週後）主要則是鏈球菌腦膜炎。

臺灣孕婦產道的乙型鏈球菌檢出率為十八％，新生兒感染致死率約十到十三％，感染後造成神經系統後遺症約十五％。美國疾病控制及預防中心因此建議，每位孕婦應在懷孕三十五至三十七週進行乙型鏈球菌篩選，若呈陽性，則需接受抗生素治療。在臺灣，依據衛生署二〇一二年四月公告之「孕婦乙型鏈球菌篩選補助服務分案」，孕婦可在懷孕三十五至三十七週時，接受陰道和肛門的乙型鏈球菌例行性篩檢。

哪些孕婦是乙型鏈球菌高危險群呢？

- 前次懷孕已驗出乙型鏈球菌。
- 妊娠糖尿病。
- 孕期分泌物過多，且易感染。
- 發燒，高於三十八度。
- 早期破水超過十八個小時。

孕婦若有乙型鏈球菌，在無陣痛、無破水，符合剖腹產的條件下，可用剖腹產。若乙型鏈球菌為陽性，婦產科醫師大多會建議施用口服抗生素或注射抗生素。事實上，乙型鏈球菌若為陽性，至少產前四小時要施予預防性抗生素治療。

較可行性的方法如下：

- 待產時，每四小時給予一次預防性抗生素治療，直到胎兒出生為止。
- 若出生前四小時沒打抗生素，應於產後一週給予新生兒抗生素注射預防治療。
- 積極防治孕婦陰道炎，減少自然生產時的垂直感染。

紅斑性狼瘡與懷孕

紅斑性狼瘡（SLE）是年輕女性最常見的自體免疫疾病，也會發生在生育年齡。紅斑性狼瘡是種慢性發炎疾病，可潛伏六個月以上，影響全身有結締組織的器官，對腎臟影響尤鉅。目前研究，紅斑性狼瘡不太會影響生育力，但會增加母胎的併發症。

紅斑性狼瘡會增加流產、胎兒遲滯和死亡、子癇（前）症、早產等風險，母體血中的SSA和SSB抗體會引起胎兒心臟傳導阻斷和新生兒紅斑性狼瘡。抗磷脂抗體則會增加流產和死產的機會，屬於高危險妊娠。

由於母體本身狀況不佳，懷孕會增加危險，應檢查並控制好病情，再準備受孕。

哪些紅斑性狼瘡症狀必須注意呢？

必須注意不明原因改變免疫系統，產生自體抗體，攻擊自身的細胞和組織，常見症狀有：臉部紅疹（尤其是臉頰，也叫蝴蝶斑）、脫髮、口腔潰瘍、淋巴腺腫大、不明的發燒、疲倦及各處的關節炎（紅腫熱痛）；其他症狀如失去食欲、感冒、肌肉疼痛、胸痛

（胸膜炎、心包膜炎）、手指及腳趾血液不通、畏光或強烈感光反應等。

必須注意的是，單一症狀特異性都不高，很容易和其他病症混在一起，而且大部分病患發炎初期只有一部分症狀。這病程要多重因子才會病變，比如說下列檢測均為陽性反應：

1. 抗核抗體（ANA）。

2. 抗雙股去氧核糖核酸抗體（Anti-dsDNA，和病情活性有關）。

3. 抗磷脂抗體（和重複性流產或血栓形成有關）。

如何治療紅斑性狼瘡？

若無重大器官侵犯，選擇非類固醇抗炎劑、低劑量奎靈類固醇。若有腎炎、神經炎，用免疫抑制劑。其他如休息、避免壓力、光照、感染等，預備受孕及懷孕時也一樣。

懷孕會使病情活性發作，一般建議病情活性緩解至少六個月再懷孕比較安全。此外，紅斑性狼瘡的藥物本身也會影響母嬰，罹患或懷疑有紅斑性狼瘡的女性若準備懷孕，一定要請風溼免疫科醫師及婦產科醫師聯合密切會診。

比起以前，紅斑性狼瘡如今已非難治之病，但還是要提高警覺，及早發現，及早防治，不要惡化成腎炎、神經炎等重症才好。

懷孕時可以做物理治療嗎？

懷孕和產後遇到的諸多不適，物理治療都幫得上忙。物理治療是用手、動作、器械或其他物理方法來達成治療目的，為常見的復健項目，懷孕與哺乳時因為有使用藥物的安全考量，零用藥的物理治療因此派上用場。

以孕期來說，適用情況如生產準備、孕期運動、淋巴水腫治療、胸部、骨骼和肌肉徒手治療等。若是產後哺乳期，則包括產後疼痛、傷口、骨盆底肌肉訓練、母乳哺餵等，都可用手、動作及輔助器械來進行物理治療。

以治療性的超音波來說，超音波的熱效應可以增加局部代謝，利用輕微的炎性反應協助緩解身體的慢性發炎，雖然會產生空洞效應和音波流，這些都會導致畸胎，但是超音波的熱效應不高且暴露期間不長，所以哺乳期使用是安全的。

以懷孕和產後常見的背痛來說，往往來自於生育年齡延後、缺乏運動、姿勢不當、激素影響、體重增加、身體重心變化等原因。隨著子宮和嬰兒的成長，腰痛也是常見症狀之一。母體重心往前，日久會讓胸肌的肌肉緊張，使得肩膀也往前，並對頸肩、中背部的肌肉造成更大壓力，引起循環不良、壓迫感等不適。

然而，不動反而會增加壓力，重心變化會影響姿勢，引起肌肉使用過度而疲勞。也可能是因為體重增加、安全考量、疲倦等，較孕前不想活動，此時若施以物理治療，不論是姿勢調整、關節對齊、肌力加強、靈活度及神經影響等，都可以釋壓、減壓。

懷孕時能照X光嗎？

X光是項方便有效的工具，但因為有放射性的危險，不能只為求安心而照。假如X光無法提供更多臨床資訊，或是會影響臨床判斷與決策，可以省略X光。

我們都知道X光的放射性（或輻射）會產生很多不良影響，如氧化壓力、自由基、改變生物分子，可能造成致畸性、致癌性等，機率和劑量成正比，也有累積效應。因此一般來說，懷孕時盡可能少照X光是對的，但X光並不是懷孕時的絕對禁忌。

懷孕早期要是接觸到高劑量的放射線，有可能造成胎兒畸形、生長遲滯，甚至胎兒死亡等嚴重後果，因此照X光之前，應該先做尿液妊娠試驗。雖然一般認為放射劑量小於五雷德（rad）時不會影響到胎兒，而大部分的放射線檢查劑量都不超過一雷德，因此放射線對於胚胎早期沒什麼太大影響，但不怕一萬，只怕萬一，更何況暴露劑量是會累積的。

需說明的是，除了X光，放射性攝影還包括電腦斷層檢查（CT）、利用同位素的核子醫學影像等，但不包括核磁共振（MRI或NMR）。X光對骨折、空心器官穿孔、心肺及異物入侵的定位不可或缺；電腦斷層檢查則對頭部外傷和後腹膜構造有獨特之處。然而，電腦斷層檢查因為是從照射部分的各方向照過來，實際上是X光攝影經電腦重組之後的結果，暴露劑量其實很高，比一般X光攝影高出很多，孕婦、幼兒都不宜，具危險性，可考慮用超音波或核磁共振來取代。

如今超音波已愈來愈進步，適用範圍愈發廣泛，各部位軟組織組成的改變（固、液、氣）也可用3D、4D成影，再加上無放射性，若是胎兒的問題，通常會以超音波處理。

X光是必要之惡，懷孕時更得審慎使用，取其利而避其弊。當然，在許多新方法協助之下，X光也不是絕對不可使用。總之，若有臨床上的必要，千萬不要因為懷孕而不做X光檢查，但應該在不影響結果判讀之下，在檢查時以鉛板遮住孕婦腹部（事實上，男女都應保護生殖部位），減少胎兒接受的放射劑量，以求兩全之道。

懷孕期間，什麼情況要掛急診？

懷孕期間是女性朋友的關鍵時刻。有哪些情況需要掛急診呢？這可以分成兩部分來說：不一定和懷孕有關的常見症狀與和懷孕有關的急診。

大多數人認為痛或出血屬於急症，但事實上，意識改變或生命徵象不穩定更危險。以子宮外孕來說，內出血造成了血壓低，會出現心跳加快、冒冷汗等情況，這種時候不論有沒有懷孕，都已符合急診的情況，得立即掛急診，若是懷孕早期和晚期，更要提高警覺。

一般懷孕的急症，如出血、胎盤剝離、前置胎盤、早產（含早期破水）、子癇（前）症，以及各系統如腦神經、心、肺、腎、消化、內分泌等的急重症。分娩時的急症則有肩難產、臍帶脫垂、植入性胎盤、子宮破裂、羊水栓塞等。

身體症狀	產科急症
妊娠早期的嚴重胃痛	子宮外孕
妊娠早期出血、下腹收縮	流產
妊娠晚期腹痛	胎盤早期剝離
頭暈	子癇（前）症、子宮外孕、低血糖
嘔吐	妊娠劇吐、感染、子癇（前）症
嚴重腰痛、上腹痛	子癇（前）症、（若右上腹痛，可能是肝病變、膽結石、子癇症的HELLP症候群）
血壓上升	子癇（前）症
視力模糊、頭痛	子癇（前）症
發燒	感染
下腹收縮	早產
陰道出水	早期破水

同樣的症狀，懷孕和非懷孕時的潛在原因可能不太一樣，若有任何問題，應速掛急診，由急診科醫師、婦產科醫師診療，若有早產現象，也需小兒科醫師協助。

最後提醒，只要情況是急性變化，都代表著急重症的可能性，應盡速就醫。下面是一些最實際的參考：

- 意識改變。
- 生命徵象改變。
- 疼痛。
- 出血。
- 胎動改變。
- 飲食、尿便的改變。
- 其他的不適，直覺就是不對勁。

懷孕時受了重傷，怎麼辦？

天有不測風雲，人有旦夕禍福。懷孕時本來就是易受傷的群體，再加上代償過度（沒有太多因應傷害的後備能力）與行動不便，創傷會造成孕婦更大的危險，而且肚中又有胎兒，形成「雙重危機」。

妊娠末期是懷孕最危險的時期，由於子宮占據了大部分的腹腔空間，使得胃腸被往上推，若上腹創傷容易傷及胃腸，下腹創傷則會傷害到子宮與胎兒，而且此時骨盆腔血流量增加，若腹膜後出血會比較嚴重。相對的，因為腹壁被撐張，腹膜內發炎或出血所導致的腹膜反應如疼痛、壓痛、反彈痛、牽扯痛等表現也會比較不明顯，應特別提高警覺。失血所引起的低血壓和心跳加快，因為血容積增加，也不容易出現。當然，由於懷孕時凝血因子、纖維蛋白等增加，這些防止分娩大出血的防禦機制也容易增加血栓的機率。總之若受了傷，該做的檢查不該因為懷孕而有所禁忌！

孕婦受創會直接影響到胎兒，而且母體的交感神經一興奮，將增加血管阻力，減少子宮血流，導致胎兒窘迫、死亡，胎兒若是直接受傷，如顱骨骨折、顱內出血、骨折……預後也不樂觀（胎兒手術至今還在發展中）。

在懷孕受創中，最容易出現是胎盤早期剝離。子宮肌層有彈性，但是胎盤沒有，所以容易剝離，可以想像成太早來的分娩時子宮收縮。

懷孕是易受傷害危險的關鍵時刻，應該盡一切可能預防傷害，同時更加提高警覺。治療時則以孕婦為優先考量，如有必要動手術或進行治療，不應因懷孕而有所耽誤。若母體組織灌流不足、缺氧，最終還是會對胎兒造成不良影響。若孕婦瀕死，應在五分鐘內娩出胎兒，缺氧太久會影響胎兒的存活。

懷孕時創傷，應特別注意下列幾點：

- 穩定母體的身體與心理狀況，激動會引起交感神經興奮，影響胎兒。
- 有無子宮收縮，引起早期胎盤剝離、早產等。
- 胎心音、胎動及胎兒生物物理指數是否正常。
- 有無陰道出血、破水等危險徵象。
- 有無腹痛或其他疼痛等危險徵象。

胎教是為了熟悉媽媽的語言

目前關於胎教有各種說法，華人更是自古注重胎教，有人甚至提倡胎教應提早到受孕之前，及早調整準孕婦的身、心、靈及環境狀況。

若說胎教是為了寶寶，更真切地說，其實是為了孕婦本身。孕婦好，寶寶就好。因為壓力會致使分泌壓力激素、可體松，影響母胎。準媽媽感受到的都會影響胎兒，雖然胎兒不一定感覺得到，也說不出來，但就是有影響。因此，胎教的前提就是把孕婦的壓力——不管來自何方——減到最小，提供孕婦和胎兒一個身心靈的良好環境。

已有愈來愈多科學證據指出，胎教對胎兒與孕婦都有正面影響：

1. 提供孕婦面對新生命的學習及思考。
2. 提供孕婦和胎兒的良好環境。
3. 提供胎兒的學習。

諸如寫懷孕日記、週記，除了能提醒自己發生什麼驚喜，也是對自己、胎兒、全家的心靈對話，即使只有一些小感受也無妨，更可加上胎兒的生長資料，如超音波、胎動、胎心圖等紀錄。

胎兒的感覺發展，其實就是胎教科學時程表：

懷孕第八週：從嘴唇開始有了觸覺，也是最早發育的知覺。手腳開始活動，身體回轉（胎動）。

懷孕第十五週：有了視覺，能感受到外來光線，並有敏弱的味覺。

懷孕第十八週：聽覺成熟，能感知媽媽的聲音。

懷孕第二十四週：有了嗅覺，可經羊水吸收氣味。

懷孕第三十週：有了腦部記憶。

很多胎教主張多重與大量的長時間刺激，但想想看，就連新生兒都無法學習這麼多、這麼快，何況是子宮中的胎兒？

持平而論，從胎兒的五官發展來說，只有聽覺有可能完全接收到外來的刺激；視覺方面，子宮內無光線；味覺與嗅覺方面，外界的味道不等於子宮內胎兒能感受到的味道；觸覺方面，隔著肚皮、脂肪、腹腔、子宮和羊水，其實已十分模糊。

胎教可從聽開始，子宮內的羊水還會放大媽媽的話聲，爸爸的話聲則要在腹部說。胎兒不但聽得到媽媽的聲音，還聽得懂，甚至在子宮中就已開始默默學習。在子宮中的學前教育也讓寶寶一出生就可以分辨媽媽的說話聲。

說話：對胎兒好好講話，讓胎兒熟悉母語。

冥想：透過腦波互動和胎兒連結。

- Alpha：閉眼放鬆。
- Beta：平常狀況。
- Gamma：激動的時候。
- Theta：真正穩定。（冥想所求境界）

聽音樂：舒緩心情。

呼吸

撫摸：不觸及下半部子宮，以免誘發子宮早期收縮。

總之，懷孕第三十週後，胎兒的聽覺與腦部發展大致完全，在此之前的胎教並非無用，但大多是藉由安頓好孕婦而澤及胎兒，並不是那麼直接。適當的胎教是有益的，也可以打發無聊，使孕期更容易安然度過，但不要把胎教看得太重，更應省思一切「贏在起跑點」的迷思。

第一個月	確定有喜後，就應有喜悅的心情、創造喜悅的環境。一般情況都是既期盼又易驚慌，應該要放下、接受及學習扮演好孕婦的角色。
第二個月	懷孕早期的不適接踵而來，雖然不一定都會造成母胎的壓力，但為了克服這些不適，可集中精神，深呼吸、多喝水，冥想和胎兒對談。
第三個月	胎兒初見雛形，一切系統都在生長發育中，孕婦的營養、運動、身心靈都要維持及精進。注意事項如： 1. 不要按摩下腹部，以免引起子宮收縮。 2. 不要亂服藥（懷孕六週之後，胎兒開始生長、分化，藥物影響增大）。 3. 忌中藥補品如麻油、高熱量、煙燻、菸、酒、咖啡、茶。 4. 營養均衡，補充蛋白質、鈣、鐵、葉酸。 5. 穿著寬鬆，放慢一切。 6. 避免一切汙染，保護自己以保護胎兒。
第四個月	胎兒的聽力是較早發展的，可聽音樂、和胎兒對談。
第五個月	腹部急遽膨脹，子宮上升，開始有負擔感，容易疲勞，要多休息，多喝水，適當運動，多聽音樂或冥想以紓壓。

第六個月	懷孕中期是相對安全的時候，不激烈的運動如游泳都沒問題。胎兒的大腦會享受到聽覺刺激而發育。
第七個月	可進一步和胎兒進行有意義的對話。
第八個月	各種情感、美學的刺激，產生心靈共鳴。
第九個月	胎兒對母親的情緒敏感，可進行語言學習。
第十個月	準備和寶寶見面了，有輕鬆感也有焦慮。

胎嬰幼兒腦力發展的黃金一千天

「三歲看大」不只是經驗談，而是受到愈來愈多的科學證據支持。大腦的最初定型就是三歲，有些人甚至將其定義為懷孕四十週加孕前三個月，再加上嬰幼兒兩歲，總共約一千天。

腦部和人體大部分器官不同，它不是同質性器官及由很多腦區共同組成，而是每個腦區都有獨特的發育，並在懷孕三十二週時快速生長。以負責記憶、辨別的海馬區來說，持續發展至出生後十八個月；神經傳導物質系統持續發展至三歲；注意力及多任務處理的前額葉皮層持續發展至出生後六個月；保護及支持神經元的髓鞘發展至兩歲。

發育中的腦部比老化的腦部更容易被影響，但也有更大的可塑性及復原能力。所謂的腦力發展關鍵時期，指的是環境因素會引起不良後果，一般為不可逆；腦力發展敏感時期，則是指接受介入，可以改善。

腦部發展會影響學習、身心健康，三大注意方向為：

- 減少不當的外來刺激所造成的不良影響。
- 有良好的經濟、社會支持度及安全保護。
- 充足的營養（孕期的營養、乳源〔母乳／配方奶〕、副食品）。

不論是孕期或產後，感染、發炎都會影響營養的吸收和分配。懷孕期間，非營養因素如高血壓、糖尿病及壓力，也會影響胎兒腦部的營養。

孕前、懷孕、產後都需要特別注意的營養包括：

- **蛋白質**（也和嬰幼兒全身發展有關）。
- **長鏈多不飽和脂肪酸（LC-PUFA）**：特別是DHA、二十二碳六烯酸和AA花生、四烯酸。懷孕及產後補充長鏈多不飽和脂肪酸可改善認知及注意力，DHA對於神經元的移動、細胞膜的組成及流動性和突觸發生，更是必需。
- **鐵**：作用於血紅素蛋白及酶。
- **鋅**：缺鋅會引起學習、注意力、記憶力、情緒問題。
- **碘**：支持甲狀腺素合成，嚴重缺碘，會引起呆小症。

產後維持健康腦部發展的首選自然是餵母乳，最好能哺乳至一歲，即使不是全母乳也沒關係，初乳更是一定要餵。另一方面，媽媽也需要營養充足，特別是上述所說的蛋白質、LC-PUFA、鐵、鋅、碘等。

第三章

生產

預產期只是個參考值

一確定懷孕，尤其是藉由超音波看見寶寶的心跳，大家最期待就是寶寶什麼時候會出生。但事實上，只有五％的嬰兒會在預產期出生。

一般來說，從媽媽最後一次月經的第一天開始計算四十週，就是預產期。不過胎兒通常不會在媽媽的肚子裡待滿四十週，因為還要扣去月經來的第一天至排卵的這兩個星期。

妊娠二十週前，可用超音波檢查胎兒的各種生長狀況，得知胎兒的真實狀況，也可以準確估測預產期。但預產期本身並不是很準，因為是經驗推算出來的法則，僅供參考。真正的出生時刻和胎兒的生長狀況、母胎環境的互動、母體的壓力與內分泌狀況都有關係，也有一種情況是選吉時生產的人工干預。

依機率分布，有九十％嬰兒會在預產期前的兩週內出生。世界衛生組織研究證實，標準妊娠期介於三十七～四十二週，三十四～三十六週出生為早產兒，晚於四十二週為過熟兒。

輕鬆度過待產期

隨著生產的逼近，期待、疼痛及憂鬱一起出現，往往會造成高負荷的壓力。懷胎十個月，身體增加了十來公斤，又是二十四小時不離身，自然非常辛苦。尤其是下半身與骨盆腔底的肌肉受力負荷大，骨骼和下腹部的沉重不適，再加上姿勢與動作不良，很容易牽一髮動全身，適當支撐、放輕鬆、保持左右對稱等，都很重要。此外，孕期除了長期負重，再加上便祕、咳嗽、過敏等，都會加重產婦的身體負荷，臨近預產期特別辛苦。

心情上也容易焦慮、不安，又期盼又怕傷害，傳聞中的產痛更是孕婦（尤其是初產婦）的最大陰影。這時腦部的放鬆與正面思考很重要。科學研究顯示，想像快樂時光或美好的未來，更容易度過最艱苦的時刻。

待產期需要各種資源的協助：

- 減緩及正向面對。

- 多聊天。
- 增加生產時的技巧，如呼吸放鬆、有效用力。
- 多看一些寫給新手媽媽的育兒書。
- 聽音樂、看輕鬆的影片。
- 按摩。按摩本身就會分泌療癒分子，不用尋找經絡或穴位，接觸就是一種療癒，可促進血液循環與心靈交流，帶走疼痛，增加舒適感。
- 深而緩的呼吸，氧氣對產前、分娩、產後皆有益。
- 適當飲食、多喝水，每天二千三百～二千五百毫升。
- 放鬆肌肉，讓血管自由流動。
- 使用生產球：讓骨盆自由活動，放鬆肌肉，轉移壓力。

生產時應減少不必要的醫療措施

二〇一八年二月十五日世界衛生組織發布了新的建議，旨在為健康的孕婦制定全球護理標準，並減少不必要的醫療措施。因為過去二十年中，醫療從業人員增加了許多從前只用於避免風險或治療併發症的措施，如注射催產素加快產程或是剖腹產。

世衛組織家庭、婦女、兒童和青少年事務助理總幹事Princess Nothemba Simelela博士說：「我們希望產婦能在設備齊全的設施中，由熟練的接生人員協助安全分娩。然而，正常分娩過程的日益醫療化正在破壞女性自行分娩的能力，並對其分娩經歷造成負面影響。」「如果產程進展正常，並且母嬰狀況良好，不需要接受額外的醫療來加快產程。」

分娩是一種正常的生理過程，對大多數母嬰來說，可在無併發症的情況下完成。研究表明，健康孕婦在臨產和分娩期間至少接受一項臨床干預的比例相當高，也經常接受不必要且可能有害的例行措施。

為此，新的世衛組織指南提出五十六項基於證據的建議，涉及母嬰在分娩過程與分娩後立即需要的護理。包括：

1. 在臨產和分娩期間有一位自己選擇的陪伴者。

2. 確保產婦與護理提供者之間相互尊重並良好溝通。

3. 維護隱私和保密權。

4. 允許產婦就其疼痛管理、臨產、分娩體位和自然分娩等問題做決定。

每一次分娩都是獨一無二的，而且進展速度不同，新的世衛組織指南確認了這一點。第一產程的持續時間因人而異，初次分娩通常不會超過十二個小時，之後的分娩則通常不會超過十個小時。

為了減少不必要的醫療，世衛組織指南指出，以前關於第一產程子宮頸口擴張速度的基準是一公釐／小時（根據用於記錄正常分娩過程的產程圖評估），這對於某些女性來說可能不現實，而且無法準確識別面臨不良分娩風險的女性。該指南強調，不應僅以子宮頸口擴張速度較慢，就當作採取加快產程或分娩的常規指示。

世衛組織生殖衛生和研究司司長 Ian Askew 說：「即使是想要或需要進行相關醫療措施的情況，也必須讓產婦參與決定其所接受的護理，以確保其享有良好的分娩經歷。……許多女性希望自然分娩，並且寧願在沒有醫療措施幫助的情況下，靠自己的力量生下寶寶。」

不必要的分娩措施在低收入、中等收入和高收入環境中均普遍存在，往往使一些國家本已稀缺的資源面臨更大壓力，並進一步增加不公平的現象。

隨著更多婦女在配備有熟練衛生專業人員和及時轉診條件的衛生機構分娩，她們應得到更高品質的護理服務。世界各地每天約有八百三十名婦女因妊娠或分娩相關併發症而死亡，其中大多數可透過在妊娠和分娩期間提供高品質護理而避免。

許多醫療院所（機構）中普遍存在護理服務不尊重人和無視他人尊嚴的現象，這不僅侵犯人權，而且妨礙婦女在分娩期間獲得護理服務。在世界上許多地方，由於衛生保健提供者控制分娩過程，往往進一步使健康的孕婦暴露於不必要的醫療措施，從而干擾自然分娩過程。

要使母嬰盡可能達到最佳的身心和情感狀況，必須確立一種護理模式，在這種模式中，衛生系統將保證所有女性都能獲得以母嬰為中心的護理服務。

衛生專業人員應該告訴健康的孕婦，產程持續時間因每個人的情況而有很大差異。雖然大多數婦女都希望自然分娩，但也要承認分娩具有不可預測的風險，因此必須密切監測且有時可能需要醫療措施。即使措施是必要或希望的，女性通常仍想保持一種個人成就感和控制感，希望參與決定並在分娩後與寶寶共享一間房。

自然產vs.剖腹產，知多少？

自然產

優點：產後傷口復原和體力恢復較快，生產後可立即進食，併發症少。
缺點：產後易有脫垂、尿失禁、陰道鬆弛等後遺症，生產前陣痛的困擾。

剖腹產

優點：可避免自然生產過程中的突發狀況，陰道不易受到影響。
缺點：傷口易感染或沾黏，出血量較多，生產後復原較慢，住院時間較長。

雖然公衛部門主張自然產，但我從事婦產科醫療工作近三十年，現代孕婦的情況早已不同，比如高齡、肥胖、缺乏運動、未成年、無定期產檢等，使得產科幾乎變成「高危險妊娠科」，自然產的條件是不是應與時俱進，而非食古不化呢？

一般剖腹產之後不主張自然產，雖有人主張剖腹產後也能進行陰道生產，但仍有一％機率會有子宮破裂的可能性（從舊的子宮切開部分裂開）。剖腹產手術若沒處理完善，懷孕後，還未分娩就可能發生子宮破裂的情形，若使用催產引產更是增加危險性。懷孕後的子宮破裂必須緊急處理，有時必須立即切除子宮，以避免母胎的併發症，而且曾有子宮破裂者，日後仍有再次破裂的風險。

我曾接到一個前胎剖腹處理不佳的病例，該孕婦在二十六週時就出現陣痛，超音波也發現植入性胎盤、前置胎盤，最後在輸血六千毫升的情況下保住了母親、早產兒和子宮，算是功德圓滿，但不是每個孕婦都如此幸運。

曾經剖腹產或動過子宮手術者，更需做好產前檢查、超音波檢查（必要時可做都卜勒超音波，進行胎兒監測）。子宮手術的影響尤其容易被忽略。以切除子宮肌瘤來說，由於腹腔鏡手術傷口微小、疼痛少、復原快，往往因而忽略其潛在危險性，如電燒、縫合不完整或不明原因破壞子宮肌層等，並不會比經子宮手術來得安全，尤其是有多顆子宮肌瘤、子宮內膜異位等症狀時。子宮一旦破壞或缺損，都會造成分娩時收縮壓力的分布不均。

若曾經剖腹產、子宮手術而後懷孕者，可用都卜勒超音波來測量子宮動脈流速圖和抗性指數，並用核磁共振來評估疤痕大小、子宮肌肉層厚度。良心建議，最好在剖腹產或子宮手術之後二年再考慮懷孕，讓子宮休養二年較安全。

尤其要特別注意的是，子宮破裂多半是自然發生，常見於懷孕中期末至懷孕晚期初，常被誤認是早產陣痛，不易診斷出來，所以一有疼痛，應盡速就醫。

認識產痛與減痛分娩

產痛屬於重度疼痛，如何減少產痛及其副作用是每個孕婦都關心的。

產程可分三個階段，產痛也是。

第一產程：子宮規律收縮，子宮頸開始擴張（主要痛源），使胎兒的頭部能進入產道，此時會有下腹部疼痛、後背腰痛。

第二產程：從子宮頸全開（十公分或五指寬）到胎兒出生為止。會有向下推的感覺或便意感，以幫助母親把胎兒的頭推出產道。

第三產程：胎兒娩出至胎盤完全排出。初產婦的產程平均為十四到十六個小時，經產婦則是七到八個小時。

減痛分娩是自然生產時一種可減少疼痛的方式，也能保持良好的子宮收縮，一般會在子宮頸開四公分時，於脊椎的膜外硬膜外腔，利用導管注射局部麻醉藥物。

隨著麻醉醫技的進步，有八十五％孕婦做完減痛分娩後完全不痛，十二％孕婦有緩解，三%沒有幫助。健保不給付。

減痛分娩的副作用可能有頭痛、背痛，但非直接關鍵，平躺休息待恢復即可，並多補充水分。其他副作用如低血壓、降低分娩的力量、噁心、嘔吐，也會影響產程的推進，但現代的麻醉藥物濃度低，延長產程的副作用較少。

以下情況適用於減痛分娩：

- 無胎兒窘迫。
- 良好的規律子宮收縮（間隔三～四分鐘，持續一分鐘）。
- 子宮頸擴張四公分（初產六公分）。
- 先露部位固定。

以下情況禁用減痛分娩：

- 敗血症。
- 凝血功能異常。
- 急性中樞神經病變。
- 脊椎畸形。
- 產科急症。

• 低血壓。

此外，呼吸放鬆、意念冥想，也都可以減少疼痛。集中精神在呼吸頻率並用力吐氣則有助於放鬆，也可在背部輕柔按摩、伸展、熱敷等。

一定要認識的「愛情荷爾蒙」

「有愛，一切都不是難事。」從懷孕至生產，是什麼神奇的力量促進並完成這個過程，而且能減少疼痛與造成的傷害呢？

答案就是催產素，俗稱的「愛情荷爾蒙」！

催產素最先被認為是促進子宮收縮的激素，但愈來愈多研究發現，它還能讓大腦產生親密、信任，甚至是博愛的感覺，使母嬰產生親密的連結，也讓為母者強，並讓人忘記疼痛，減少疼痛造成的發炎和壓力。

催產素會在分娩時激增，使得子宮收縮，盡快娩出胎兒，並使產婦對這個造成痛苦的小傢伙仍然滿懷愛意。產後，腦部會出現高濃度催產素，保護產婦免於慢性疼痛。

分娩的產痛在疼痛等級裡被列為最高級別，假如有十級，排九不為過，但一項針對一千二百多位生產婦女做的研究發現，只有一．八％的產婦在產後半年還有慢性疼痛，產後一年只剩〇．三％。催產素真的能夠保護產婦不受疼痛的傷害。根據我的臨床經驗，生產後的婦女對於產痛的真實感覺的確會隨著歲月而淡忘，也就是感覺還在但不是那麼強烈，所以有勇氣懷下一胎，創造另一個新生命。

產科麻醉已是一門專科

麻醉是人類醫學上偉大的發明，沒有了它，醫學少了一半關乎開刀的侵入性手術，外科等於無法進行，因為會痛不欲生或直接痛死。痛本是生理的防衛機制，開刀固然也是傷害且會痛，但不做麻醉，手術就無法進行，所以必須使用鎮痛及麻醉。

以定義來說，鎮痛是指使痛覺減少，範圍可能是局部、區域或全身，可服用藥物、區阻滯或吸入性藥物。麻醉則是指全部的感覺包括意識都消失。在產科，一般透過脊椎、硬膜外麻醉，較少使用全身麻醉。

經過漫漫十個月的孕期，進入最後的分娩時刻，壓力會造成全身的不適，若有系統性內科併發症，身體更是處於危險之中。因此，在產科施用麻醉有以下問題需要考量：

1. 懷孕和分娩時的母體生理變化。
2. 胎兒的存在。
3. 實施時機的緊急狀況。

4.全人照顧：安全、即時、便利，可以接受可舒緩、身心靈照顧的完整性。

生產時怕痛是每個孕婦的常情，減痛分娩（硬脊膜外麻醉）既可緩解產痛，又可自己手控，可謂一大發明，但生產時要用的力一點也不會少。妥善處理產痛既可以是安慰，也是一種支持，止痛方法除了鎮痛與麻醉，還有很多種生理與心理療法，雖然都屬於支持性療法，而且變異非常大，但配合使用並無害處，如拉梅茲呼吸法。

自然生產時，會用二％的 Xylocaine 在會陰部做局部麻醉，以減少會陰的傷害。會陰部剪開術的局部麻醉並不會減少產痛，但會減少會陰切口的局部疼痛。我認為會陰切開是必須的，可減少會陰及骨盆腔的傷害。

另外還會使用區域麻醉及止痛，也就是把局部麻醉藥物注射到感覺神經周圍。產科常用的有腰部硬膜下頷骶管阻滯、蜘蛛膜下腔阻滯、陰部阻滯及脊椎麻醉。

怕產痛也是很多人選擇剖腹產的原因，事實上剖腹產還是會痛，而且痛更久並會留疤，對母嬰都不好。剖腹產所用的麻醉是脊髓麻醉（也可稱半麻或半身麻醉，過程中產婦是清醒的），若凝血感染、血容素低，則要選用全身麻醉。

產科麻醉現在已是一門專科，上述只是一般狀況。其他特殊情況有：

- 胎兒窘迫時的麻醉。

- 病理性產科止痛，如子癇（前）症、出血、休克、臍帶脫垂、胎位不正、緊急剖腹。
- 有併發症時的麻醉，如高血壓、心臟病、糖尿病、腸胃疾病、心理疾病。
- 麻醉併發症的處置。

如何防治早產？

美國婦產科學會對於早產兆的定義是，在懷孕三十七週之前出現「規則子宮收縮」合併「子宮頸變化」。早產發生率雖然只有十～十二％，卻占了周產期胎兒死亡率的八十％。即便婦產醫療科技在進步，卻無法改善嬰兒太早來報到的情況，儘管早產兒的併發症已降低不少，但緊接而來的倫理問題卻與金錢花費同樣巨大。

早產的危險因子很多，以整體來說，孕婦年齡（十八歲以下或四十歲以上）、種族、社經地位、早產史、營養、心理壓力、孕前體重過低或菸酒藥物史，都有影響。若單以子宮來看，子宮肌瘤、異常胎盤、多胞胎、羊水過多、外傷、子宮頸閉鎖不全，都可能造成早產。生殖道感染則和小於三十一週的早產有關，主要是厭氧菌、鏈球菌、陰道念珠菌等感染可能會造成全身發炎，也是導致早期破水的主因。

早產的病因如此多元，但還是有高達半數的早產找不到原因。那該如何預防早產呢？

1. 陰道超音波：提供子宮頸長度、擴張及變薄情況，若呈漏斗狀就表示情況不好。

2.生化指標，如胎兒纖維黏連蛋白（fetal fibro-nectin，fFN）、唾液雌三醇（E3, estriol）、IL-6、雌二醇-17 beta、黃體素（但是無法做為常規篩選的工具）。目前來說，在懷孕二十二～三十五週時，胎兒纖維黏連蛋白濃度和早產有絕對相關，因為胎兒纖維黏連蛋白存在於絨毛蛻膜內層，若檢測結果為陽性，表示母親和胎兒的連接面已有剝離的情況。一九九七年美國婦產科學會已核准，若檢測結果為陰性（小於 50ng/mL），九十九．二%不會在十四天內早產，除非有新的致早產原因；若為陽性，早產風險則是正常人的十四倍。

3.抽血：全血、白血球分類、C反應蛋白，看有沒有感染。

4.驗尿：看有沒有感染。

5.羊膜穿刺。

早產的處置需顧及母胎健康，如安胎（在子宮頸小於四公分時）、類固醇（促進肺部成熟）、抗生素（防感染）。

險中之險的羊水栓塞

現今的高危險妊娠中，應該只有「羊水栓塞」還會讓婦產科醫師聞之色變。羊水栓塞對於每個相關人來說都是晴天霹靂。

羊水栓塞是血栓栓塞的一種，指的是分娩過程中羊水進入母體，突然引起肺栓塞、休克、瀰漫性血管內凝血（DIC）、多重器官衰竭（MOF）。

有哪些危險因子會造成恐怖的羊水栓塞呢？

- 高齡初產婦：子宮頸硬、擴張慢、動脈硬化，造成子宮頸易損傷。
- 多胎經產婦：子宮頸、子宮壁易於損傷。
- 子宮收縮過強，導致羊水被擠入靜脈，所以不能濫用子宮收縮素。
- 早期破水（PROM）：子宮破裂（包括剖腹產），羊水進入缺口周圍的子宮靜脈。
- 前置胎盤，胎盤早期剝離：羊水進入創傷面的靜脈。

九十%的羊水栓塞發生在分娩時，但有一次胎兒剛剛娩出，捧給新手媽媽看，正洋溢著快樂幸福，半小時內，媽媽突然呼吸困難、噁心、頭暈、煩躁不安、缺氧，接著就失去了意識，婦產科和痲醉科團隊趕緊急救，再轉入加護病房。

臨床上可分成三階段：

休克期：血管放鬆，血壓降低。

出血期：羊水中的促凝物質、纖維蛋白降解物、血液外凝系統和血小板聚集，形成很多微血栓，消耗大量的凝血因子，和羊水中纖維蛋白亢進，變成瀰漫性血管內凝血。

急性腎功能衰竭：若有救回來，也有很多血管病變的後遺症。

如何確診？在靜脈中找到羊水細胞，照胸部X光後發現雙肺瀰漫著點片狀影，即肺栓塞，瀰漫性血管內凝血檢查，休克徵象，呼吸窘迫，如ARDS（成人呼吸窘迫症候群），造成氣體交換受損，組織灌流受損，胎兒窘迫。

發生羊水栓塞時必須維持生命，排除病因，補充所需，在加護病房內嚴密監測治療。沒有人希望發生羊水栓塞，只能一一排除危險因子。

需要存臍帶血嗎？

留臍帶可以做紀念，留臍帶血可做啥呢？

臍帶血中有幹細胞，也就有了各種想像空間。幹細胞是人體組織的原始細胞，有以下兩種能力者，才能稱為幹細胞：

- 分裂增殖或另一個與本身完全相同的細胞。
- 分化為具有多種功能的特定細胞，如造血細胞、血管內皮細胞、心肌細胞、神經細胞等。

間質幹細胞就是多功能的幹細胞，有幹細胞增生及多項分化能力，可在人體內組織受損時進行修復，如退化性關節炎、膝關節軟組織損傷、急性心肌梗塞，或是修護骨髓移植後產生的移植物抗宿主反應疾病。

來自胎盤的間質幹細胞如今已在進行下列臨床實驗：不孕症、特發性肺間質纖維化、第二型糖尿病、再生障礙性貧血、骨髓增生異常症候群、僵直性脊椎炎、出血性膀胱炎、急性肺損傷、肌肉損傷、間歇性跛行、外周動脈疾病、中風、克羅氏症、眼角膜、黃斑部病變、眼盲、聽力受損、牙周病等。

概括地說，只要有修復的部分，幹細胞就派得上用場，如：肺支氣管發育不全、呼吸窘迫症候群、腦性麻痺、視覺系統發育不良、開放性動脈導管、壞死性腸炎等，以上都在進行臨床測試中。

臍帶血及胎盤皆屬胎兒的一部分，衍生的幹細胞確實有保存價值。早期的臍帶血，本身的量不足自己使用，需集家人之血，但隨著培養技術的進步，儲存臍帶血的CP值愈大。當然，是否真的有需求，仍需考量個人的風險偏好與經濟負擔。

婦幼的醫病共享決策

隨著病人自主權利法的推出，除了以下五種臨床情況：末期病人、不可逆轉、昏迷、永久植物人、極重度失智這些政府公告的重症疾病，在病人意識清楚時，都需尊重病人的治療決定。若委託代理人，至少有一民法規範內的二等親來參與照顧與諮商。

懷孕雖然是件喜事，但也有旦夕禍福的時候，如羊水栓塞、嚴重外傷、大出血等不可預料的高危險致命狀況，同樣需要理解醫病共享決策。

醫病本來就是夥伴關係。在醫療過程中，以現有循證醫療（evidence-based medicine，EBM）提供病人做所有可考慮的選擇，支持並做出符合病人偏好的醫療決策，稱之為「共享決策」（Shared decision making，SDM），是一種尊重病人自主的理想醫療決策，美國早在一九八二年就已提出。希望以病人為中心，在共同的福祉上，促進醫病相互的尊重與溝通。這是一種納入病人及相關者的醫療教育，也可預先告知可能狀況，減少誤解與糾紛。以分娩方式來說，自然產？剖腹產？剖腹產的時間？

醫病共享決策可以縮短醫病資訊落差，避免因資訊落差而引起的認知不同、期望不同，最後造成醫療糾紛（溝通不良是醫療糾紛的主因）。也可降低人為疏失，增加病人的醫療遵從度，避免不必要的處置。

共享決策的好處還包括：

- 整合實證醫學和病人偏好。
- 提升病人健康識能、責任、權利、風險觀念。
- 減少病人不知情的感受，特別是疾病的病情預後及處置的可能性。
- 減少決策衝突（因個人背景知識、價值等不同而引起）。

現代醫療適用共享決策的狀況如：醫療不確定性、尚無明確之實證醫學的處置、有生命危險的嚴重疾病、重大的改變、長期治療等，也因共享決策的需要，發展出了醫療決策的輔助工具，如人工智慧和深度學習。總之，任何醫療決策都需要：

- 知識（外在、內在、專業及常識）。
- 溝通（醫療人員之間與病人及相關者）。
- 對重（如同理心）。

醫療決策共享是授與受的過程，需要共同承擔。實際做法如下：

1. 找好人、事、物、地，做好醫療決策共享的準備。
2. 找出問題或潛在問題。彙整並聚焦問題，再用樹狀圖分支討論。
3. 利用循證醫療提供客觀有效的方法，先提供選擇，再「正當化」選擇，同時尊重病人的自主權。
4. 從樹狀圖做好SWOT分析（優、缺、機會、威脅）。
5. 達成共識，預做PDCA（P：計畫、D：執行、C：控制、A：評估）架構。

有「共識決議」（包括想法及做法）可執行、控制、評估的，才是好的醫病共享決策。雖然病情是多變的，但基本上一一列舉提示，謀定而後動。預防勝於治療，強化事前有效溝通。雖然現今婦幼知識十分普及，但要謀得共識，不但要衛教，也需要多多討論。

第四章

產後

月子，中國老祖宗的智慧

在華人的想法裡，月子是一定要做的，好讓產婦能有休息與恢復健康的時間。以往的年代營養不足，這是為了犒賞辛苦懷胎十個月的媽媽完成傳宗接代的任務，給予一個月的營養休養假，安心於產後復原，也專注於哺乳與教養下一代。世界衛生組織現在也認同「坐月子」的做法，而且特別延展至產後六週。

坐月子有三大原則，第一是「除去」，把不好的排掉；第二是「平衡」，回復正常；第三是「滋補」，加強功能。基本內容包括：

新生兒照顧：協助餵奶，幫新生兒洗澡、按摩、臍帶護理及口腔清潔等。

產婦照顧：協助母乳哺育、乳房護理與按摩、準備擦澡用品（薑水或大風草）、子宮按摩等。

月子餐：調理產婦三餐、點心、茶飲、中藥烹煮等。

產後衛教：學習做好媽媽、好爸爸。

但怎麼做、在哪裡做、如何做，都是讓人思考的問題。到底是去月子中心好呢？還是請月嫂到府服務好呢？還是在家由家人照顧？以下幫大家整理相關資訊。

在家：最傳統的坐月子，由家人如婆婆或媽媽幫忙。家裡的環境最熟悉，花費最少，缺點是家中二十四小時可能都會有訪客，影響產婦休息。也可請月嫂至家中幫忙。

訂月子餐：若不想讓家中長輩太辛苦，又不希望花大錢去月子中心，可考慮訂月子餐。廠商往往還會提供餐點試吃，不用怕不合口味。

坐月子中心（產後照護）：有配套的醫護等專業人員。

坐月子時除了生活起居與飲食要注意，也

不要迷信一味進補，同一種藥方不可能適合每一個人。我建議依照中醫擬定的產後調理步驟，針對每個人的不適及需求，臨床辨證加減藥物，為產後媽媽設計一系列的月子方，這樣才能有效恢復健康與身材，甚至改善體質。

依照產後調理原則，月子餐通常分成四個階段：

第一週：補血補氣（促進子宮收縮，清除惡露，增進乳汁分泌）。

第二週：養血化瘀、補氣（促進子宮內膜修復）。

第三週：補氣、健脾、祛溼（調整腸胃功能，促進消化）。

第四週：補氣養血益腎，協助子宮卵巢修補（益腎及生殖器官）、強健筋骨，預防髮齒動搖（補腎兼顧骨本）。

獨一無二的母乳

母乳是嬰兒的天然營養來源，除了有免疫、調整生長發育等功能，還會隨著嬰兒的成長「量身訂做」（早產兒亦然），既衛生（在衛生條件較差的地區尤其重要）、溫度又適合。母乳不只能為嬰兒提供充足的營養，純母乳餵養六個月也不會影響嬰兒的體重和身長，嬰兒的智力更加進步，而且對母親也有好處。

對嬰兒的好處：

- 增加先天免疫等抵抗力，尤其是富含免疫球蛋白及免疫因數的初乳。
- 減少過敏，如氣喘、過敏性鼻炎、異位性皮膚炎等。
- 增加安全感。
- 減少慢性疾病，如糖尿病、心血管疾病等。

對母親的好處：

- 母體的體形恢復。

- 幫助子宮復原。
- 建立母子間的親密感情。
- 減少第二型糖尿病。
- 減少乳腺癌、卵巢癌、子宮內膜癌等發生率。

乳汁其實不是產後才開始分泌，而是懷孕時已開始生產、貯藏，當胎兒娩出時或娩出之前，由於泌乳激素大增，就會開始分泌初乳。

母乳的組成是動態的，母體會隨著嬰兒的狀況做出調節和改變，受母親、環境及處理方式的影響，也隨著妊娠胎齡、分娩後而有不同。初乳（出生後七十二小時內）在體積、外觀和組成就不一樣，富含分泌性 IgA、乳鐵蛋白、白細胞和各種生長因子，但乳糖含量低，鉀和鈣亦低，鈉、氯、鎂則高。過度乳（出生後三天至兩週）則有初乳的特徵，但更能支持快速成長新生兒的營養需求，鈉降，鉀升，乳糖增加，此時乳腺上皮的緊密連接一關閉，泌乳更加活化。分娩兩週後，母乳逐漸成熟而穩定。一個月至一個月半後則完全成熟，為成熟乳。

母乳中有大量營養物質，如蛋白質、游離胺基酸、脂肪。脂肪主要是為了供給熱量。初乳與早產兒母親的乳汁蛋白質和脂肪比率會比較高。不管是否早產，母乳中的蛋白質濃度都會在分娩後四～六週下降。過去誤認了蛋白質對嬰兒成長的重要性，配方奶的含量做成母乳的三、四倍，造成嬰兒的壓力。若以乳清為基底來餵養新生兒，其血液胺基酸譜、腸道菌群和胃排空率更接近母乳哺育的寶寶。母乳中的糖分較高，並以乳糖為主。新生兒的乳糖分解系統仍未完成，乳糖主要是培養良好的腸道微生態。

母乳的營養組成可分為：

主要營養素：如蛋白質、脂質、乳糖、能量。

微量營養素：如維生素A、B_1、B_2、B_6、B_{12}、D和碘，會隨母體飲食和體存量而有變異。母乳中的維生素K非常低，所以新生兒的凝血功能尚未完善，要多注意防範外傷。維生素D也低。

生物活性物質：會影響生物過程的物質，可來自乳腺組織，也可來自母體。

生長因子：和胃腸黏膜的成熟和癒合有關的表皮生長因子、與腸道神經系統的生長和發展有關的神經生長因子、與組織生長有關的胰島素類生長因子、和血管系統的調整有關的血管內皮生長因子、與腸道的發展和造血有關的血液生長因子、與生長調整激素相關的鈣抑素和體制素、調節代謝與身體組成的脂肪壞死素。

免疫因子：母乳內有很多的免疫因子、免疫細胞在交互作用。

寡糖：可做為益生菌的益生元，也可和其他蛋白質結合，做為病原體結合的抑制物。

母乳的獨特性：

- 蛋白質含量低。新生兒腸道消化酶發育尚未成熟，蛋白質消化能力有限，初乳中游離胺基酸含量較高，有利於新生兒吸收，幫助腦神經發育。
- 乳清蛋白（可溶性蛋白）高、酪蛋白低。嬰兒消化後會形成軟凝狀，也就是喝母奶的嬰兒大便較軟，喝牛奶的嬰兒大便較硬。
- 不含β－乳球蛋白。

世界衛生組織早在一九九一年就提出促進母乳餵養的十項措施，也建議六個月內的嬰兒以純母乳哺餵，並持續至兩歲為止。後期若因壓力或母親本身導致母乳的質量下降，可適量使用嬰兒配方奶粉。

以下情況則不適合哺餵母乳：

- 嬰兒本身有羊乳糖血症、苯丙酮尿症、蠶豆症。
- 母親本身患有感染性疾病，如活動性結核、水痘、單純皰疹、人類T細胞淋巴病毒I或II型、近期患有流感病毒、巨細胞病毒、布魯菌症感染。
- 母親服用精神藥物、催乳藥、鎮靜藥、鎮痛藥、酒精或非法藥物。

初乳，最珍貴的第一道母愛

初乳指的是胎兒出生後七十二小時內分泌的母乳。具有以下特殊功能：

- 富含抗體。能使新生兒在免疫功能尚未完全時，利用母體賜予的抗體抵抗外來病原生物，宛如神力補充包。
- 富生長因子、細胞動素。
- 含有濃度較高的蛋白質，如初乳素，可促進新生兒的腦神經細胞發展、增加可塑性。

新生兒的消化系統尚未成熟，大腸吸收水分的功能還不理想，若給予太多液體，容易發生滲透性腹瀉，初乳的高濃度和低體積形態，最適合新生兒吸收，並協助新生兒排出胎便。

初乳是可愛卻脆弱的寶寶健康長大的最大支持，量不多但富含免疫成分，如IgA、乳鐵蛋白、白血球、生長因數，鈉、氯、鎂較高，鉀和鈣較低，可增加營養素的吸收且沒有副作用。初乳中的免疫因子包括：脯氨酸多肽、免疫球蛋白、抗體、乳鐵蛋白，也有很多生長因數，如IGF-1、EGF、TGF-α、TGF-β和FGF。

初乳的階段性任務是提供生長、增強抵抗力。和成熟乳比較，初乳有較多的蛋白質、維生素A和氧化鈉，較少的碳水化合物、脂肪及鉀離子。不管之後是否餵母乳，出生後六小時內的初乳一定要喝，抗體的吸收最好。

專門為哺餵寶寶設計的乳房

乳房主要由乳頭、乳暈、腺體及導管、脂肪和纖維組織及血管淋巴共同構成。簡單來說，乳房由乳腺葉組成，乳腺葉又由乳腺小葉和腺泡組成，腺泡的數量決定了乳腺的泌乳能力。腺泡上排列著單一層的乳腺細胞，乳腺細胞的活化和分化是泌乳啟動及維持的基礎。

乳汁是最天然且最完全的營養，取得不複雜，也不用消毒，溫暖又安全。乳房其實是特有的淋巴器官，所以乳汁和淋巴液一樣都有豐富的營養及免疫細胞與因子。對於消化、免疫系統還沒發育完全的哺乳類新生兒來說，眼睛還沒張開就有奶吸，其實是非常大的福音，除了能輕易消化、吸收營養，且立即擁有免疫力與各種生長因子，完全不需要採集、處理、嚼食食物，可以優先發展其他功能。總之只要有媽媽在就好，尤其是面臨食物變少和環境變遷等惡劣條件時。

哺乳不但允許嬰兒可以用更小的體形出生，較容易通過產道，永遠處於合適溫度、均衡營養與其他生物活性物質的母乳也提供了天然、完整、便利的營養。哺乳還能促進母嬰的親密、溝通、滿足、安全感，乳頭則能協助嬰兒下顎的發展，學習口、唇、舌的使用，做好語言的準備。

假如只要哺乳，乳房只要有乳腺加上乳頭即可。但乳房還有脂肪，這不只是為了美觀，而是應付懷孕和哺乳所需。人類沒有皮毛，比其他靈長類更需儲存脂肪，嬰兒的大腦也需要特定的長鏈脂肪酸。女性的體脂肪需要超過某一水平才能排卵，很多激素都來自脂肪，特別是類固醇。人類在青春期之後，必須胖一些才能發育，雌激素可以促進乳房的生長。乳房可說是脂肪儲存的地方，是為了哺餵嬰兒而設計的。

乳房的腺體在懷孕荷爾蒙的影響下，才會生長出製造乳汁腺體的結構，一旦不泌乳了，乳腺就會關閉並萎縮。乳頭除了分泌乳汁，也會分泌保護油質。乳暈有一小小凸起，可吻合嬰兒嘴唇，充滿神經與靜脈，使乳房和嬰兒形成互動，更能刺激泌乳。

對哺乳女性而言，乳房會消耗三十%身體能量，所以自身要補充營養。人類哺乳是天賦，但環境、食物充滿了有害物質，只要會溶於脂肪或流入血液淋巴中，就有可能進入乳汁裡，特別是雙酚A磷苯二甲酸酯、對羥基苯甲酸酯。換言之，母乳並非完全無害，若母乳受到環境及食物汙染，選擇來自乾淨無汙染的乳品也不錯。

重新認識妳的乳房

乳頭：表面覆蓋著複層鱗狀角質上皮，上皮層很薄，乳頭由緻密的結締組織和平滑肌組成，平滑肌呈環狀排列。平滑肌收縮可使乳頭勃起，並擠壓導管和輸乳管排出乳汁。

乳暈：位於乳頭周圍，乳暈部皮膚有毛髮和腺體，包括乳腺、皮脂腺（乳暈腺）及汗腺。

腺體及導管：乳房腺體由十五～二十個腺葉組成，每一腺葉又可分成若干個腺小葉決定乳房豐滿的是腺小葉數目，數目多則體積大。每一腺小葉又由腺泡組成，緊密地排列在小乳管周圍，腺泡的開口和小乳管相通。多個小乳管彙集成小葉間乳管，再彙集成一條可以彙集整個腺葉腺體和導管系統的輸乳管。輸乳管和腺葉由十五～二十個腺葉組成，以乳頭為中心呈放射狀排列，彙集於乳暈，開口於乳頭。輸乳管在乳頭處較狹窄，繼之膨大為壺腹，能儲存乳汁，稱之為輸乳管竇，嬰兒一吸吮，馬上就有鮮美的母乳。

脂肪：乳房內的脂肪組織呈囊狀包覆乳腺周圍，形成一個半球形整體，稱之為脂肪囊，也是決定乳房大小的重要因素。

纖維組織：分布在乳房表面皮膚之下，分割並支撐各個腺體組織，再連接至胸肌上，包括「庫柏氏韌帶」，支撐乳房大部分重量級皮下結締組織。

乳房的動脈：來自腋動脈的分支，胸廓內動脈的肋間分支及降主動脈的肋間血管；乳房的靜脈分淺部、深部兩組，淺部靜脈分布乳房皮下，多彙集至內乳靜脈及頸前靜脈，深部則分別注入胸廓內靜脈、肋間靜脈及腋靜脈。

乳房的淋巴引流：腋窩淋巴管、內乳淋巴結、鎖骨下／上淋巴結，腹壁淋巴管及兩乳皮下淋巴網。

泌乳是動態的

乳房是哺乳類動物為哺育後代特有的器官，乳房的發展、乳腺的發育，都是為了哺乳活動做準備。

懷孕時，雌激素會刺激乳腺管發育，黃體激素則刺激乳腺泡發育，催產素、甲狀腺素、皮質醇和胰島素則參與或促進乳腺泡的生長，使得乳房增大，乳頭和乳暈色素沉澱，乳暈的皮脂腺凸起。也因此，乳房的改變也可做為孕期的輔助診斷，比如：

- 乳房進一步增大。
- 乳暈加深，逐漸至褐色，並出現乳暈結節。
- 乳頭變硬、增大、凸出及挺立。
- 乳房表面靜脈明顯。

產後在激素變化（胎盤排出，雌激素及黃體激素下降，催產素上升）與嬰兒的吸吮之下，乳房開始規律排出乳汁。嬰兒的吸吮動作及反射會引起垂體後葉釋放催乳素，使乳泡周圍肌上皮細胞收縮並噴出乳汁。

泌乳功能會受到以下激素的影響：

- 生殖激素（直接作用於乳腺）。
- 雌激素、孕酮、胎盤催乳素、催乳素和產乳素。
- 代謝激素（會改變乳腺的內分泌反應和營養）。
- 糖皮質激素、胰島素、生長激素、甲狀腺激素。

乳汁分泌則分成「啟動」和「維持」這兩個階段：

第一泌乳期：發生在妊娠中後期（約十六～二十週到產後幾天），乳腺開始合成和分泌某些乳汁的特有成分，如乳糖。但此時孕酮含量高，會抑制乳腺的分泌。

第二泌乳期：伴隨分娩而引起的乳腺大量分泌乳汁的起始階段。伴著胎盤娩出後，孕酮濃度劇烈下降，解除了對下丘腦和腦垂體體前葉負回饋的抑制作用，導致催產素迅速釋放，促進乳汁的生成及分泌。乳腺會在整個哺乳期持續進行泌乳活動。

乳清中含有泌乳反饋抑制物，乳汁若沒排空，泌乳反饋抑制物會抑制後續泌乳的生成。所以，有乳就要哺，有奶就要吃，舊乳不去，新乳不來。乳汁每日三次的有效排空，對維持泌乳是必要的。

一般而言，正常分娩後，二十四～三十六小時就會泌乳。分娩前可多按摩乳房，除了促進分娩，也促進初乳的分泌，初乳是寶寶出生後的第一口糧食，內含免疫球蛋白及細胞因子等生物活性物質，提供新生兒第一道防線。

不管是否以母乳餵食嬰兒，若產後第三天仍無乳房充盈、腫脹、漏乳，應諮詢婦產科醫師。

第二泌乳期延遲的可能原因有：早產、初產婦、心理壓力、母親肥胖、糖尿病、高血壓、分娩的壓力與疼痛、緊急剖腹產、嬰兒早吮延遲、周產期的哺餵頻率低、分娩後一週服用含有激素的避孕藥等。

第二泌乳期失敗或乳汁不足的原因則有：

- 乳房手術、受損（疤痕組織減少常造成乳腺分泌減少）。
- 胎盤殘留（胎盤未取出，母體誤認仍在懷孕狀態）。
- 內分泌問題，如多囊卵巢症候群、腦垂體功能低下、甲狀腺功能低下。
- 乳腺組織發育不足。
- 卵巢卵泡膜黃體囊腫。

哺乳常見問題及處理

乳房腫脹

懷孕晚期乳房就開始出現生理性腫脹、乳暈變暗。過度腫脹會造成不適及疼痛，可能還會有水腫、發炎的現象，阻礙嬰兒的吸吮。腫脹時，乳腺小泡膨脹，血管和淋巴液增加，乳腺管受壓迫，有奶水卻出不來。乳房腫脹的處理重點在於疏導。哺乳前可熱敷按摩，哺乳後可冷敷，以減少充血、水腫及疼痛，並可輕輕按摩。也可以使用止痛藥。

乳頭創傷及乳腺炎

乳房紅腫熱痛，乳頭裂開、有水泡、小白點或黃點，即使只有一點點，也容易經由傷口感染造成乳腺炎。原因通常是哺乳姿勢不當及不適當的含乳姿勢卻長時間吸吮，也常發生在沒有持續哺餵時。若有硬塊、壓痛感、熱痛，即可能是乳腺炎。

乳腺炎大多發生在產後二～三週，產後三個月後的發生率較低。常見的乳頭感染如金黃色葡萄球菌、大腸桿菌、白色念珠菌、鏈球菌等。

可多喝水，哺乳前熱敷，哺乳後冷敷。預防方法是以適當的含乳姿勢餵奶、吸吮時間適當、嬰兒口腔檢查。治療時大多使用抗生素。乳腺炎若沒治療好會造成乳腺膿腫，可用超音波確認，再引導切開或吸取。

乳腺囊腫

乳腺管被阻塞或破壞而滲漏，形成囊狀的液體堆積，一開始是液狀，之後會變得更濃，甚至有血樣液體，這是因為囊腫形成後擠壓致使微血管破裂，大多是無感染性的。摸起來會有平滑且圓球狀的液／固態團塊，同樣需要靠超音波確認、抽取。囊腫移除手術很容易再復發，因為囊腫抽取之後，大部分會再次重新充滿液體。這是因為乳腺管壁被不明原因破壞後，分泌的液體會重新堆積，管壁腺體內膜細胞就會重新連成一包囊狀內膜（纖維狀組織）。囊腫內膜不除，只抽取囊液，液體重新充填後，囊腫就會再次復發。

配方奶一次通

人的一生從受孕至年老，人體的維生營養素、碳水化合物、蛋白質、脂肪、礦物質、維生素、水的種類都相同，但會因為年齡及活動量而使攝取量不同。嬰幼兒的需求特殊，乳奶也隨生長發育而有所不同。世界衛生組織建議，六個月以下的嬰兒因消化系統未發育完成，應以母奶或配方奶為主要食物。六個月以後可以開始加入副食品。

一歲之後的幼兒因為消化澱粉的酶逐漸發展，可以直接食用澱粉類，也可以喝一般奶粉或鮮奶，但兩歲以前勿以脫脂或低脂的牛奶、奶粉取代。

配方奶的組成成分包括——

脂肪

人會從飲食中攝取能量來源，而嬰兒的能量來源有四十～五十五％來自脂肪，母乳內含五十五％脂肪，所以是相當好的嬰兒飲食來源。此外，嬰幼兒攝取的脂肪既是熱量來源，也是神經發育、細胞膜組成的成分，因為腦部神經鞘需要脂肪及醣類所合成，若脂肪攝取不足，脂溶性維生素不足，會阻礙嬰幼兒的神經發展。而且脂肪中還有其他營養素，嬰幼兒腦部也會用脂肪代謝能量（成人是用葡萄糖）。

乳糖

一般東方人在一歲之後，由於乳糖酵素的缺乏，容易產生乳糖不耐症，容易腹瀉。乳糖在母乳醣類中占了九十％，比例之高，為所有哺乳類動物之首，代表其重要性非同小可（若不重要，要這麼多幹嘛？）事實上，乳糖在嬰兒的小腸中不只可以幫助鐵、銅和鈣的吸收，還能促進腦部發展。

另一方面，嬰兒期因為部分乳糖尚未完全水解，所以能夠進入小腸末端或大腸中（益生菌棲息地），提供益生菌養分，而益生菌所產生的酸則能抑制鹼性環境的壞菌。母乳裡還有一些寡醣，屬於可做為益生菌養料的益生元，共同建構出良好的腸道微生態。

長鏈多元不飽和脂肪酸

如DHA、EPA，源於藻類。長鏈多元不飽和脂肪酸在初乳中很多，但也不能太多，太多會引起凝血及免疫功能失調。嬰兒的合成能力不比成人，要靠攝取。

卵磷脂

PC、PE、PI都是卵磷脂，也都是細胞膜的主要成分。磷脂質（Phospholipid）是神經傳遞物質乙醯膽鹼的前驅物，尤其是磷脂醯膽鹼。

油

母乳中最豐富的脂肪酸依序為：油酸（占三十四％）、棕櫚酸（占二十三％）、亞麻油酸、次亞麻酸。生乳和母乳不同，以短鏈飽和脂肪酸為主（羊乳有較多的中鏈脂肪酸，和母乳較類似），所以製造奶粉時會先脫脂，再加入植物油或動物油，讓脂肪酸的組成和母乳更接近。但植物油不一定比動物油好，而且也不完全來自植物。

蛋白質

母乳蛋白質有四十％為酪蛋白、六十％為乳清蛋白。牛乳則是八十％酪蛋白、二十％乳清蛋白，所以嬰幼兒奶粉會進行調整。

若以乳清蛋白來說，母乳以α－乳清蛋白為主，牛乳以β－乳球蛋白為主（羊乳的β乳球蛋白只有牛乳的一半），後者容易產生過敏，所以需要水解。但因為各家廠商使用的蛋白質酶不同，所以結果各不相同，而且無法避免其他過敏原因引起的過敏。

維生素

如維生素A、前體β－胡蘿蔔素、維生素C、葉酸。

礦物質

在維生素C和乳糖的幫忙下，母乳的鐵消化吸收率為四十九％，牛乳則為十％，奶粉僅有四％，所以需要額外添加鐵。寶寶六個月大後應留意鐵質和維生素C的攝取。嬰兒初期因為還無法產生太強的胃酸，所以要添加檸檬酸，其他如檸檬酸二氫鈉、檸檬酸鈉、檸檬酸鉀、L（+）乳酸、碳酸，也都是為了調解奶粉的酸度。

什麼是好的嬰幼兒奶粉？一言以蔽之，就是和母乳最像的。此處指的是來自健康、泌乳正常、生活正常且注重營養的媽媽產出的優質母奶。

奶粉的製造過程依序為：收集生乳、檢驗、離心去雜質、添加營養素、均質化、殺菌、濃縮、除去水分、過濾、噴霧乾燥、製成粉粒狀、裝填、抽出氧氣、填入氮氣罐裝。

選擇時要注意乳源和製造地點。乳源指的是提供乳品的哺乳類動物所在地，如紐西蘭、荷蘭、愛爾蘭，餵養方式及收集方式當然是愈自然愈好。製造地點指的是生乳變成奶粉的地方。由於奶粉的生產過程可以異地處理，再加上全球化，挑選安全嚴謹、品牌卓著的製造者為佳。

包裝上必須標明：廠名、廠址、生產日期、保質期、執行標準、商標、淨含量、配料表、營養成分表、食用方法。營養成分也應標示齊全，應標明熱量、蛋白質、脂肪、碳水化合物等。

嬰幼兒奶粉屬於特殊營養品，需經由「危害分析管制點」（HACCP）或ISO等國際認證進行管控。添加物都要標明，而且要無菌。依據不同年齡嬰幼兒的生長發育及營養需求，世界各國制定的標準不同。

羊奶比牛奶更好？

羊奶值得推薦的原因包括：

- 含有蛋白質、脂質、碳水化合物、維生素、礦物質。
- 蛋白小球較小，易消化。
- 適合的脂肪酸比例，脂肪微球也較小。
- 含有生物活性物質，如生物活性肽、乳鐵蛋白。
- 腸道的微生態和母乳寶寶相同。

其中又以羊奶的脂質最值得注意。嬰幼兒的能量代謝以脂質為主，脂質還會構成細胞膜，和成長發育息息相關，而羊奶除了蛋白小球比牛奶小，脂肪球也比較小，所以流動性較高，也易於消化。羊奶中的脂肪酸則以短鏈和中鏈脂肪酸為主。

牛奶中的αs1－酪蛋白常是過敏主因，不易消化，但羊奶中的αs1－酪蛋白較少。羊奶中有較多的β－酪蛋白，能溶解更多的鈣和磷，在胃腸酸化的過程中較不易聚集。羊奶的牛磺酸也比牛奶多，有助形成膽鹽、調節鈣流動、穩定細胞膜。

羊奶的碳水化合物主要是乳糖，可促進鈣、鎂、磷和維生素D的吸收。羊奶中的其他糖類如寡糖的構造也和人類接近。對於無法喝母奶又有乳糖不耐症的嬰幼兒來說，羊奶是一種好選擇。因為羊奶和牛奶雖然同樣有乳糖，但羊奶比較好消化和吸收，留在腸中的乳糖就比較少、比較不會作怪。

此外，約二～六％嬰兒有乳類過敏的問題（分為急性和慢性，症狀如鼻炎、氣喘、腸胃不適、溼疹等），若牛奶過敏，改喝羊奶可減少三十～四十％的過敏。不過羊奶中的葉酸－結合蛋白比牛奶多，再加上維生素K多、維生素B_{12}少，容易造成新生兒貧血，要特別注意。

新生兒的營養代謝及生長發育

生長（Growth）指的是細胞、組織、器官、系統的變大（量變），由於物化的限制，細胞的大小有範圍，最主要是組織層次以上的變大（細胞以數量增多來表現）。發育（Development）則是指細胞、組織、器官、系統的質變，指的是細胞、組織、器官、系統的功能成熟。新生兒生長發育得好不好，可從某一生命時間點開始測量與記錄，並和同齡新生兒以百分比做比較。

基本的生長發育記錄如體重、身長、頭圍，其他如臀圍、上臂圍長、皮褶厚度，以及體重指數（BMI）、上臂圍長／頭圍長比值等。

生長是發育的基礎，簡單地說，沒有量變，怎麼會有品質。發育若有問題，最初也會表現在生長異常上。以體重來說，體重百分位是出生後的評估黃金標準（一～六個月嬰兒的體重＝出生體重＋月齡×0.7kg；七～十二個月嬰兒的體重＝6kg＋月齡×0.25kg）。以頭圍來說，測量的是腦部大小的範圍，而糖的代謝率和腦部大小成正比。

世界衛生組織於二〇〇六年發表「多中心生長參考標準研究」指出，雖然存在個體差異，但若以全球視野來看，新生兒的「平均體格生長」是相似的。從新生兒至幼兒的生長發育差異，主要是受到營養、餵養方法和環境衛生保健的影響，而非種族或遺傳。換言之，新生兒出生後，優質的營養比什麼都重要。上天給各種族嬰兒的起跑點基本上是公平的，將相本無「種」，嬰兒自強當吸「好奶」！

如何推估寶寶需要攝取多少營養呢？〇～六個月大的嬰兒（未加副食品之前）基本上是靠乳品提供營養，可依嬰兒的大小來推估。若是足月兒，能量需求為 100~120 kcal/kg·d.；若是早產兒，則需 110-135 kcal/kg·d。

另一方面，透過一般的體格檢查就能大致了解新生兒的營養狀況。檢查項目包括：軀體的活動、眼睛是否靈活明亮、表情與精神、健康狀況、肌肉發展、皮下脂肪、皮膚、頭髮。

此外，從子宮內的胎兒到嬰兒，身體體液總量會從占體重九十％，出生後下降至七十％，出生後三個月至成年又下降至六十％。體內的水會變少，但脂肪會增加。從懷孕中期占二％，即將出生時占十六％，出生後占二十五％。

水無法產生熱量，儲存一公克脂肪則需九千卡熱量，消耗也是一樣，這也是為什麼母乳、羊奶、牛奶中的脂肪占了約一半比例的原因，因為脂肪含有高能量，又比較可以儲存。相較之下，碳水化合物和蛋白質雖然也是重要營養素，但一公克只可產生四～五千卡，且體內的儲存量不多。

正因如此，脂質的攝取非常重要；以組成比率來看，如何喝水和吃油，對於新生兒、幼兒、成年人而言，統統都很重要。

新生兒的營養和母親有關，也和新生兒本身的病史相關。新生兒若是營養缺乏，可能會出現以下異常表現：

- 嗜睡，活動力不足（缺蛋白質、能量）。
- 蒼白（缺鐵、銅、葉酸、維生素B_{12}）。
- 水腫、毛髮脫色（缺蛋白質、鋅）。
- 皮膚乾燥、角質增生（缺必需脂肪酸）。
- 眼角膜軟化（缺維生素A）。
- 口角炎（缺維生素B_2）。
- 瘀血、牙齦出血（缺維生素C）。
- 顱骨軟化、佝僂病（缺維生素D）。

- 舌炎（缺煙酸）。
- 甲狀腺腫（缺碘）。
- 骨質疏鬆（缺鈣、磷）。

在從新生兒到周歲的生長發育過程中，身體組成也會產生變化。逐漸減少的有總體液、細胞外液、氯、鈉等；逐漸增加的則有細胞內液、鉀、鈣、鎂、蛋白質、脂肪、糖原和礦物質。各器官系統如心臟、腎臟、肝臟及骨骼占總體重的比例保持恆定，腦則大大高於成人，骨骼肌相對較小。

若想預測一個人的身高，只要看兩歲時的身高就知道了，此時的身高百分位和成年後的最終身高相同。也因此，追蹤生長曲線圖很重要，雖然有些病變會導致生

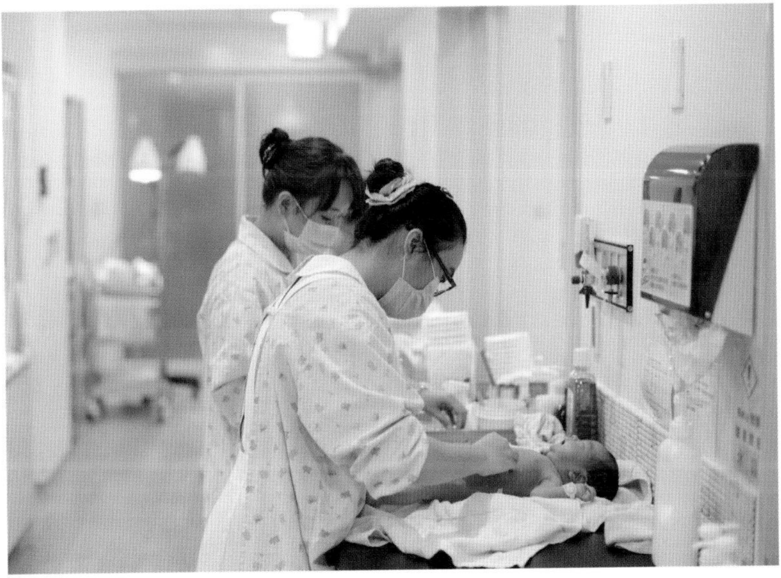

長加速或減速，但病後一復元，生長便會回到正軌。若生長曲線圖偏離原來的百分位，往往是營養、激素和環境的複雜交互作用。

從胎兒至新生兒，如何頭好壯壯？

腦部的重量只占人體重量的二%，卻需使用二十%的能量（以葡萄糖為主），糖的代謝率則和腦部大小成正比，母體的基礎代謝率在懷孕晚期可增加十五~二十%的葡萄糖、胺基酸、脂肪酸，並透過胎盤傳給胎兒。寶寶腦部發育的黃金期是懷孕中期至二歲。

如何評估腦部的生長與發育呢？以何為基礎？通常會用頭圍來評估腦部大小及發育。

胎兒到嬰兒的大腦質量，取決於母體在孕期的營養攝取品質，特別是和髓鞘生成相關的營養，對胎嬰兒腦部的影響尤其重大。這類營養物質如：

1. 能提供能量，維持基本運作的營養。
2. 能提供攜氧紅血球的營養，如鐵、葉酸、維生素 B_{12}。
3. 能構成神經細胞及髓鞘的特別脂質，如長鏈多未飽和脂肪質、鞘磷脂等。
4. 能構成細胞構造及神經傳導物質的蛋白質。
5. 非蛋白質的胺基酸如牛磺酸。
6. 對腦部發展及認知有益的谷胺酸。
7. 益生菌及益生元。

如何保養嬌弱的嬰兒皮膚？

嬰兒皮膚只有成人的三分之一厚度，既脆弱又敏感。用一個字來說，就是「嬌」。再加上嬰兒體溫高、易出汗，在臺灣高溫、汙染多的環境裡，皮膚清潔是每天必行之事。

嬰兒一出生，皮膚的組成（表皮、真皮、皮下脂肪）已經成型，但皮膚的厚度和角質層（表皮最外層）仍薄，保水功能不足。也因為角質層薄，水分容易散失，容易產生如冬季溼疹等皮膚問題，對於外界的刺激比較敏感，也可能會有過敏。由於無法言語，也無法自我處理，只有抓。

若要說膚質，嬰兒的膚質絕對屬於敏感型肌膚，要是保溼沒做好，常待在冷氣房裡或是清潔過度、破壞……往往變成乾燥型肌膚。

以嬰兒洗澡來說，有下列注意事項：

- 胎脂和臍帶等會自動脫落，不需要刻意處理。
- 水溫二十五～三十度，並須同步調節室溫。水溫太高會洗去皮膚油脂，太冷則洗不乾淨、易著涼。

- 不宜洗過久，視體型以五到十分鐘為宜。雖然有些嬰兒很愛泡水，但嬰兒皮薄，容易皺。
- 選用嬰兒專用的沐浴或清潔劑，不要含太多化學成分如香精、色素。
- 夏天時嬰兒流汗多，可單純用清水洗澡。睡前再針對容易流汗或皺褶處、包尿布處，使用清潔產品。
- 冬天可以兩天洗一次，但重點部位仍應每天清洗。
- 新衣物買回家要先用清水浸泡、洗滌。
- 幫寶寶洗澡之前，雙手要先洗乾淨。
- 洗完澡可以幫寶寶抹一些綿羊油，不要用凡士林。

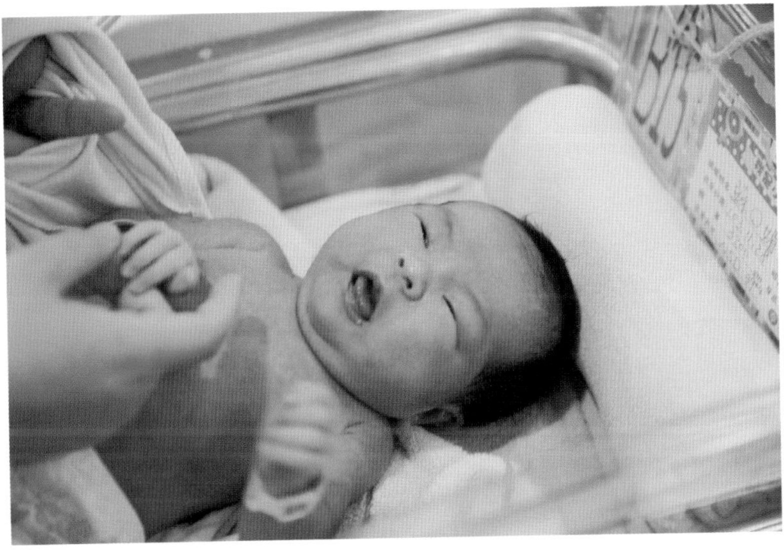

嬰兒常見的皮膚狀況與照顧——

冬季溼疹：皮膚摸起來乾乾的、粗粗的，表示缺水，可塗些綿羊油保溼。

過敏：接觸性過敏多半是局部的，突然出現紅疹。若是全身，多數是由飲食或藥物引起。現象如紅、腫、熱等，可用冰敷並除去過敏原。

汗疹：即痱子，除去穿太多的衣物，以清水洗澡即可。不要用痱子粉。

脂漏性皮膚炎：黃色油脂堆積的水結痂群，常見於嬰兒頭頂。脂漏性皮膚炎和內分泌、嬰兒皮膚微生態如皮屑芽孢菌的不平衡有關，一般到三個月大就會自行改善。

異位性皮膚炎：皮膚有疹狀、灼熱搔癢，通常和過敏、接觸有關，使用綿羊油保養即可。

尿布疹及接觸性皮膚炎：紅腫特別明顯，且一摸就痛。嬰兒皮膚就是「嬌」，若無發燒（大於三十八．七度）或明顯症狀，如全身出疹或不適，可先用上述簡易方法照護並觀察三天，若無改善，再找皮膚科醫師及小兒科醫師求診。

腸道微生物群對嬰幼兒健康的重要性

腸道微生物群對於嬰幼兒的生長發育扮演了重要的角色，而不論是懷孕、分娩方式、餵母奶或配方奶、副食品、環境等，都會影響微生物群。

以往認為胎兒在娩出之前是無菌的，事實上胎盤與羊水都有不同的細菌，早在子宮裡面，母體就會將微生物群傳至子代。然而，不同的分娩方式會造成不同的腸道菌群，所以自然產和剖腹產新生兒的微生物群和免疫系統不同。欲提供嬰兒較佳的微生物群，建議自然產，新生兒可在經過產道時，獲得母體陰道的微生物群。剖腹產嬰兒的腸道微生物群則是來自母體的皮膚與醫院環境。

若以腸道菌群的建立（出生後三～七天）和形成（出生後一個月）來說，自然產嬰兒最早可於出生後三到七天內出現大腸埃希菌、腸球菌等需氧菌。它們會持續消耗氧氣，使腸道成為無氧狀態。出生幾天以後，雙歧桿菌、乳酸桿菌等厭氧菌會穿過新生兒的胃酸屏障，通過黏附，定植於腸道並擴植，與腸上皮細胞黏膜形成腸道屏障，形成「病從口入」

的第一道防線。剖腹產嬰兒的腸道菌群定植方式則和自然產嬰兒不同。此外，自然產嬰兒有較多的雙歧桿菌和擬桿菌屬，剖腹產嬰兒則要到一歲後才會出現。

新生兒體內的微生物群和母體皮膚及陰道菌群相似，隨著年齡增長，嬰兒會形成自己的體內微生態。新生兒至三歲幼兒的體內微生態比成人更容易波動，環境中的所有改變都可能會改變其體內微生物群。

至少在出生後六個月內尚未添加其他副食品之前，乳製品都是嬰兒的主要食品，不同乳品自然也會形成不同的腸道微生物菌群。換言之，母乳也是嬰兒菌群的來源，喝母乳可獲得母體腸道的微生物，母體腸道經腸系膜淋巴結轉移至乳腺，透過嬰兒吮吸乳汁而定植於嬰兒腸道。即使不能持續哺餵母乳，也應該盡量在出生後至一個月內喝母乳，尤其是剛出生時的初乳，富含品質皆優的免疫因子及成長因子，有助於新生兒增加抵抗力。

喝牛奶或喝羊奶的嬰兒各有不同的菌群，現今大多數嬰兒配方奶都會添加乳糖等低聚糖，以獲得雙歧桿菌的增加。

腸道菌群和副食品的添加也有密切關係。開始吃副食品以後，嬰兒腸道中的擬桿菌屬、梭菌屬、瘤胃球菌屬會增加，雙歧桿菌、腸球菌會減少。一歲之後的嬰兒飲食愈來愈像成人，腸道菌群也更接近成人。

營養不良、肥胖、過敏（系統性過敏、異位性皮膚炎、哮喘、過敏性結膜炎、過敏性鼻炎、過敏性黏膜炎）、精神神經疾病、慢性疲勞症候群……腸道菌群深深影響嬰幼兒的健康，微生態的建立更對嬰兒的消化吸收、免疫器官發育成熟及疾病發展都有重大影響。

附錄

從推行流感政策來談孕產婦的防疫

流行性感冒是病毒傳染病，對臺灣居民產生嚴重的健康威脅，從輕微感冒症狀，嚴重併發症，甚至死亡。

在女性懷孕、生產期間，由於孕婦免疫功能的改變，流行性感冒的嚴重性更加劇。

本文將針對臺灣流感疫情現況、流感防治政策、流感的診斷、治療與預防，以及孕產婦感染流感之症狀與併發症逐一論述。

流感是由流感病毒引起的急性呼吸道感染疾病。症狀包括了發燒、頭痛、流鼻水、喉嚨痛、咳嗽、肌肉痠痛及疲倦等。高危險群的病患可能引發嚴重併發症，甚至導致死亡。最常見的併發症為肺炎，其他還可能併發中耳炎、鼻竇炎、腦炎、心肌炎、心包膜炎等。

流感病毒有A、B及C型，A型和B型幾乎每年引起季節性流行，C型則以輕微的上呼吸道感染為表現，且一般不會造成流行。主要感染人類的A型流感病毒型分別為H1N1與H3N2。以嚴重程度來說，A型大於B型大於C型。A型和B型病情較嚴重，有篩選之必要。在病毒學分類上，流感病毒屬正黏液病毒科。

A型（甲型）流感

A型流感病毒能感染人、禽、豬、馬、海豹、鯨魚及其他動物，但野生禽類是這種病毒的主要天然宿主。A型流感病毒總在不斷變異，根據病毒表層的兩種蛋白質被分為不同的亞型。這兩種蛋白質分別為血細胞凝集素（HA）和神經氨酸（NA）。其中，HA有十五個亞型，NA有九個亞型。HA和NA兩種蛋白質可能形成多種組合。只有幾種A型流感病毒亞型目前在人群中普遍傳播（H1N1、H1N2和H3N2）。

B型（乙型）流感

B型流感病毒通常只見於人體。與A型流感病毒不同的是，這種病毒不會迅速變異，因此沒有亞型分類。雖然B型流感病毒能在人群中引發流感，但這種病毒不會引發疫情。

項目	流感（Influenza）	感冒（Cold）
疾病類別	流感病毒引起之急性病毒性呼吸道疾病	上呼吸道感染之統稱
致病源	流感病毒，可分為A、B、C三型	大約200多種，包括較常見的：鼻病毒、副流感病毒、呼吸道細胞融合病毒、腺病毒等
臨床症狀	主要為發燒、頭痛、肌肉痛疲倦、流鼻涕、喉嚨痛及咳嗽等症狀	症狀較輕微，常見包括打噴嚏、流鼻水、鼻塞及喉嚨痛，偶有輕微咳嗽、發燒或全身痠痛的情形
併發症	肺炎，包括病毒性及細菌性肺炎、中耳炎、鼻竇炎、腦炎、腦病變、雷氏症候群及其他嚴重之繼發性感染等	急性中耳炎、急性鼻竇炎、下呼吸道感染
治療方法	依照醫師處方給予抗病毒藥劑治療或支持療法	無特殊抗病毒藥物，以症狀治療為主
預防方法	注重呼吸道衛生及咳嗽禮節，接種流感疫苗	注重呼吸道衛生及咳嗽禮節

C型（丙型）流感

C型流感病毒只會導致人體出現輕微病狀，不會導致流感疾病或疫情。

人體有可能感染A、B和C型流感。不過，目前在人群中傳播的A型流感病毒亞型只有三種：H1N1、H1N2和H3N2。

大流行時，病毒能有效地人傳人，而且人類對此病毒幾乎無免疫能力。歷史上，百年間主要全球性大流感有一九一八年的HIV、一九五七年的H2N2、一九六八年的H3N2、一九七七年的H1N1、二〇〇九年的H1N1。尤其是一九一八年的流行，造成了四千到五千萬人死亡。

政府目前有下述監測系統——

病例監測：法定傳染病的監測系統通報系統（流感併發重症、新型A型流感）、症狀監視通報系統（類流感聚集，國際機場入境發燒旅客）。

流行趨勢監測：及時疫情監測及預警系統（RODS）、肺炎及流感死亡監測、人口密集機構傳染病監視通報系統、學校傳染病監視通報系統、定點醫師監測系統。

病毒活動監測：病毒性合約實驗室監視通報系統、病毒抗原及抗資性分析。

臺灣因應大流行之準備，行政院核定了最高指導綱領、策略計畫及工作指引（請見左表），並依照季節性流感、流感大流行，防治政策有所不同。季節性流感的防治重點在人口密集機構疫苗接種於高危險群、高傳播族群，藥物使用縮短症狀持續時間，降低重症與死亡率，自主健康管理。流感大流行的防治重點則是機關團體防疫，全民疫苗接種，重症治療，隔離檢疫停課。

個人對於流感的防治政策則有四招：第一招：咳嗽務必戴口罩；第二招：生病請在家休息；第三招：肥皂勤洗手，手帕隨身帶；第四招：接種疫苗。

目前政府供應的流感抗病毒藥劑有三種：

一、貝瑞塔：靜脈注射劑型，多半用於流感併發重症患者，因昏迷等原因致無法吞服、吸入抗病毒藥劑時的用藥選擇。由於本藥劑是以點滴注射方式使用，有心臟、循環器官功能不良或腎功能不良者需審慎使用。

二、瑞樂沙：乾粉吸入劑型，適用於五歲以上病患，不需依體重調整劑量。每日吸藥兩次，每次兩劑量，連續五日不可中斷。

三、克流感：口服膠囊，每顆七十五克。十三歲以上成人每日吃兩次，一次一顆，連續投藥五日不可中斷，十三歲以下孩童需調整劑量。

常見的副作用有噁心、嘔吐、下痢、腹痛和頭痛。曾有來自日本的報告指出，部分患者在使用克流感後，會產生例如：自殘、妄想情形，主要發生於兒科病患，其原因

	季節性流感	流感大流行
疫情監視	重症病例監視 流行趨勢監視 病毒活動監視	重症病例監視 流行趨勢監視 病毒活動監視
民眾溝通	個人衛生 人口密集機構	個人衛生 機關團體防疫
疫苗接種	高危險群、高傳播族群	全民
抗病毒藥劑使用	縮短症狀持續時間 降低重症與死亡率	圍堵 預防性投藥 重症治療
公共衛生介入	自主健康管理	隔離、檢疫、停課

不明，因此服用克流感藥物期間應小心監測不尋常行為（請見下表）。

由於抗病毒藥劑在發病後四十八小時內使用效果最好，所以一旦出現流感相關症狀，應盡速就醫，及時診斷用藥，接受有效治療。而且目前已經出現了具抗藥性的流感病毒，因此病人務必得依照醫師評估後才服用處方用藥，不可自行購買服用，以免病毒出現抗藥性。

另一方面，預防流感最有效的方法是接種疫苗，其保護效果會於六個月後逐漸下降，且每年流行的病毒株可能不同，建議應每年接種新疫苗，以獲得足夠保護力。

臺灣歷年來流感疫情多自十一月下旬開始升溫，於年底至翌年年初達到高峰，一般持續至農曆春節，於二、三月後趨於平緩。再加上接種疫苗後需一段時間才能產生保護力，故建議高風險及高傳播族群（六十五歲以上老人、醫事防疫人員、禽畜

藥物學名	Oseltamivir	Zanamivir	Peramivir	Favipiravir
商品名	克流感/易剋冒	Relenza 瑞樂沙	Rapiacta	Avigan
包裝	75毫克膠囊10入之盒裝	盒裝有碟型吸入器1枚，及含4孔規則間隔之泡囊5入	點滴用注射袋300mg	淡黃色膜衣錠，每錠200mg
使用方式	口服	吸入	注射	口服
使用對象	成人及兒童（含足月新生兒）	五歲以上	小兒（早產兒與新生兒除外）與成人	成人
用法用量	每日2次，每次75mg，共5日	每日2次，每次吸2孔，共5日	每日 300mg	每日2次，第1日每次服用1600mg。第2日起每次服用600mg，共5日
小兒是否需調整劑量	是	否	是	本藥劑具致畸胎性，禁使用於兒童，且無小兒投藥經驗
腎功能不佳是否調整劑量	是	否	是	是
備註	可能出現輕微噁心及嘔吐，未成年病患需注意神經精神症狀	用於慢性呼吸系統病患時需特別注意支氣管痙攣及呼吸困難等症狀	提供新型A型流感通報病例使用，且需由醫院申請並經醫療網指揮官同意	無我國藥物許可證，提供新型A型流感通報病例使用（限於其他抗流感病毒藥物無效或效力不足的情況），且需由醫院申請並經醫療網指揮官同意。本藥劑具致畸胎性，孕婦及有懷孕可能的婦人禁止使用

業者、國小學童、六個月～六歲的嬰幼兒、孕婦、六個月嬰兒父母、高風險慢性病患、托嬰中心及幼兒園托育與專業人員），應於十月流感疫苗開打後，盡早接種疫苗，讓整個流感季均有疫苗保護力。

根據國外文獻，流感疫苗之保護力因年齡或身體狀況不同而異，平均約可達三十～八十％，對健康的成年人有七十～九十％的保護效果。對老年人則可減少五十～六十％的嚴重性及併發症，並可減少八成死亡率。

此外，疫苗保護效果亦需視當年疫苗株與實際流行的病毒株型別是否相符，一般保護力會隨病毒型別差異加大而降低。

不論是公費或是自費的流感疫苗，每批疫苗都要符合我國衛生福利部食品藥物管理署查驗登記規定，並取得許可證照，且均經檢驗合格，才可以施打，因此對於流感的保護效果是一樣的。

二〇〇九年H1N1流感大流行時，研究發現，占美國人口一％的孕婦族群，其死亡數卻占了所有流感死亡人數的五％。新境界臺灣周產期醫學會訊二一二期周產醫學文獻回顧也發現，第三孕程之孕婦與產後四週內的產婦，發生併發症與死亡的風險可達到一般族群的四倍。除此之外，雖然研究顯示流感病毒極少經由胎盤直接感染胎兒，但孕婦罹患流感仍可能對胎兒有不利影響，包括先天性心臟病、自發性流產、唇裂、胎兒神經管缺損、水腦、早產、低出生體重等。

根據疾病管制署二〇〇九年針對臺灣H1N1新型流感疫苗於孕婦使用之安全評估研究，初步發現，懷孕六週以上接種H1N1新型流感疫苗，並不會增加接種後一到二十八天危險期內發生自然流產的風險。孕婦於任何孕期接種 H1N1 新型流感疫苗，也不會增加胎兒或新生兒死產、早產、子宮內生長遲滯等風險。若懷孕未滿十四週接種，對於子宮內生長遲滯；懷孕十四週以上接種，對於死產、早產、子宮內生長遲滯等預後，均有統計上顯著之風險降低。總之，孕婦接種流感疫苗的安全性應是可以被接受的。

根據美國疾病控制中心、實施免疫預防諮詢委員會及產科執業委員會建議，所有可能在流感季節即將要懷孕的婦女應接種流感預防疫苗。但雖然目前科學證據支持孕婦應接種流感疫苗，現實中，世界各國皆面臨孕婦接種率偏低的問題，可能原因包括了低估流感所帶來的風險，以及對於疫苗安全心生懷疑等。澳洲研究指出，產科相關的醫療人員如果能夠提供簡短的衛教說明，不需太多經費，即可提升孕婦接種流感疫苗的比率達三成。換言之，產科醫師與護理人員對於疫苗接種的態度，對於孕婦接種流感疫苗的決定扮演著相當重要的角色。

此外，由於流感疫苗並未批准使用在年齡小於六個月的嬰兒，因此透過產婦免疫接種就成了唯一有效保護新生兒的策略。一份前瞻性雙盲隨機對照試驗報告顯示：「母親有免疫的嬰兒較少有流感和伴有發燒的呼吸系統疾病案件。」

相對於非懷孕時的生育年齡女性，流感對懷孕婦女可能引起更嚴重的後果。為何如此呢？

因為在懷孕時及產後兩週，女性身體有三大系統的改變。

首先是免疫系統的改變。免疫能力從懷孕早期就已改變，有些增加（Th1）、有些下降（Th2），而對抗病毒感染是 Th2，流行性感冒就是病毒感染。此外，懷孕可視為某種「發炎症狀」，若抑制發炎狀態，著床等就無法進行，尤其是懷孕十二週以前。懷孕十五週後，抗發炎的細胞及分子增加，不然就容易流產。病毒也會使免疫系統鈍化，又影響免疫和細菌的交互作用。

再者，心臟血管系統也會改變。懷孕時，心輸出量及靜脈回流增大，易受病毒感染。因感冒而發燒也會增加孕婦的心臟血管負荷。「熱」本身就是致畸原，會造成胎兒的神經管缺陷。最後是呼吸系統改變。懷孕時，呼吸供氧量增加，流行性感冒容易引起肺部疾病，更使懷孕的呼吸負荷增加，更容易產生喘、多痰等症狀。

懷孕時，由流行性感冒引起的症狀相似，但容易增加懷孕時原有的負荷。症狀有發燒（較高）、咳嗽、喉嚨痛、流鼻水或鼻塞、全身痠痛（特別是眼窩痛、關節痛及頭痛）、發炎、疲乏，也有嘔吐和腹瀉。

若有下列症狀，則應前往醫院急診：

- 呼吸困難或呼吸急促。
- 胸部或腹部持續疼痛、壓迫感。
- 持續頭暈、頭痛。
- 意識模糊。
- 癲癇發作。
- 少尿或不排便。
- 嚴重肌肉疼痛。

- 嚴重虛弱無力或不穩定。
- 持續發燒（大於三十八．七度）。
- 持續咳嗽、呼吸困難對退燒藥沒有反應。
- 嬰兒胎動減少。
- 其他婦產科症狀或加重。
- 其他內外科症狀加重。

總之，一旦了解懷孕期的生理改變，防治流行性感冒更要注意。流感疫苗注射則是孕期防治流行性感冒的最佳方法，也可保護嬰幼兒。母體可在懷孕期間將抗體傳送給正在發育中的胎兒，形成「先天性免疫」。此外，孕婦應接種的是流感疫苗，而非「減毒流感疫苗」。

在治療方面，抗病毒藥物愈早使用愈好，尤其是症狀開始後四十八小時內，所以應及早利用快篩確定，若為陽性即可進行。抗病毒等藥物可使流行性感冒變得較溫和、感覺比較舒服，其他如退燒藥（Tylenol）或止咳等，則屬於症狀治療。

CARE 047

產科醫師的好孕教室：讓媽媽安心，寶寶健康的懷孕計畫書

作　者—陳勝咸
主　編—邱憶伶
責任編輯—ANNA
行銷企畫—陳毓雯
封面設計—李莉君
內頁設計—張靜怡

董事長—趙政岷
出版者—時報文化出版企業股份有限公司
一〇八〇一九臺北市和平西路三段二四〇號三樓
發行專線—（〇二）二三〇六—六八四二
讀者服務專線—〇八〇〇—二三一—七〇五
（〇二）二三〇四—七一〇三
讀者服務傳真—（〇二）二三〇四—六八五八
郵撥—一九三四四七二四時報文化出版公司
信箱—一〇八九九臺北華江橋郵局第九九信箱

時報悅讀網—http://www.readingtimes.com.tw
電子郵件信箱—newstudy@readingtimes.com.tw
時報出版愛讀者粉絲團—https://www.facebook.com/readingtimes.2
法律顧問—理律法律事務所　陳長文律師、李念祖律師
印　刷—和楹印刷有限公司
初版一刷—二〇一九年十月二十五日
初版二刷—二〇二四年七月十一日
定　價—新臺幣三八〇元
（缺頁或破損的書，請寄回更換）

時報文化出版公司成立於一九七五年，
一九九九年股票上櫃公開發行，二〇〇八年脫離中時集團非屬旺中，
以「尊重智慧與創意的文化事業」為信念。

產科醫師的好孕教室：讓媽媽安心，寶寶健康的懷孕計畫書／陳勝咸著. -- 初版. -- 臺北市：時報文化，2019.10
256面；14.8×21公分. --（CARE系列；47）
ISBN 978-957-13-7978-4（平裝）

1. 懷孕　2. 妊娠　3. 分娩　4. 產前照護

429.12　　108015940

ISBN 978-957-13-7978-4
Printed in Taiwan